爱上机器人

Robot: making on your time

LEGO EV3

乐高 EV3 机器人创意搭建与编程

张海涛 著

从零起步，轻松学习乐高 EV3

趣味内容，体验乐高 EV3 带来的乐趣

童趣情节，快乐学习乐高 EV3 的结构搭建和编程

亲子图书，增进家庭感情

人民邮电出版社

北京

图书在版编目（CIP）数据

乐高EV3机器人创意搭建与编程 / 张海涛著. -- 北京 : 人民邮电出版社, 2021.3
（爱上机器人）
ISBN 978-7-115-53226-8

Ⅰ. ①乐… Ⅱ. ①张… Ⅲ. ①机器人－程序设计－少儿读物 Ⅳ. ①TP242-49

中国版本图书馆CIP数据核字(2019)第297760号

内 容 提 要

欢迎来到乐高 EV3 的精彩世界！这是一本通俗易懂的亲子类乐高 EV3 制作图书。本书以“结构搭建”与“软件编程”两部分对乐高 EV3 的入门知识进行介绍。孩子可通过阅读本书，学习机械结构与软件编程的知识，还可以了解各种传感器的工作原理及使用方法。

本书图文并茂，以充满童趣的情景设计激发孩子的阅读兴趣，注重家长与孩子的互动，意在增加亲子活动的乐趣，增进家庭成员之间的感情。每个主题设计均与孩子的学习、生活紧密联系，容易让孩子产生共鸣，便于建立知识联结，从而激发兴趣。如果家长想在有限的时间中既能培养孩子的能力，又能陪伴孩子玩乐，可以通过本书获得一些新的思路。

本书适用于小学一年级以上的乐高初学者，也可作为与乐高积木有关的各种科普及教学活动的参考用书。

◆ 著　　　　张海涛
　责任编辑　韩　蕊
　责任印制　彭志环
◆ 人民邮电出版社出版发行　　北京市丰台区成寿寺路 11 号
　邮编　100164　　电子邮件　315@ptpress.com.cn
　网址　https://www.ptpress.com.cn
　雅迪云印（天津）科技有限公司印刷
◆ 开本：787×1092　1/16
　印张：8.75　　　　2021 年 3 月第 1 版
　字数：129 千字　　2021 年 3 月天津第 1 次印刷

定价：79.00 元

读者服务热线：(010)81055493　印装质量热线：(010)81055316
反盗版热线：(010)81055315
广告经营许可证：京东市监广登字 20170147 号

前言

乐高（LEGO）是一家丹麦的玩具公司，该公司自成立至今已有 85 年，其产品乐高积木广受大众喜爱，乐高积木也广泛应用在机器人课程之中。随着时代的发展，乐高 EV3 在传统的乐高积木中加入了输入、输出设备以及各种形状的零件，使得乐高积木具有更强的可玩性和可拓展性。在学习乐高 EV3 的过程中，涉及了机械、力学、工程、自动化控制、电子等多学科内容，孩子能够在玩的同时学到很多知识，可有效地提高判断力、空间想象能力、逻辑思维能力、动手能力和创新能力。因此，乐高 EV3 是实现素质教育的优质平台。

随着社会的发展，人们对于家庭教育愈发关注，在不断满足孩子物质需求的同时也越来越重视满足孩子的精神需求。在当今这个快节奏的社会中，家长能陪伴孩子的时间十分有限，如何在有限的时间中陪伴孩子成为家长格外关注的话题。家庭给予孩子最好的爱是陪伴，给予孩子最好的教育是帮助孩子养成正确的学习习惯以及保持探索新事物的兴趣。如果家长想在有限的时间中既能培养孩子的能力，又能陪伴孩子玩乐，可以通过本书获得一些新的思路。

本书根据我多年的乐高机器人一线教学经验，按照孩子的认知规律和能力发展水平编写。本书内容分为两部分。前半部分的主题是“机械结构”，后半部分的主题是“软件编程”。讲解“机械结构”是为了让孩子学习结构知识的同时喜欢上乐高 EV3，培养孩子的动手能力以及空间思维能力。设置“软件编程”内容是为了增加学习的趣味性，培养孩子的逻辑思维能力，孩子在学习编程时能够体验更多的乐趣。本书在情景创建、能力发展、逻辑设计等方面均有进阶设计。

本书以充满童趣的情景设计激发孩子的阅读兴趣，注重家长与孩子的互动。每个亲子活动课程都会设计一个主题，能够快速引导家长和孩子进入学习状态。每个主题设计均与孩子的学习、生活紧密联系，容易让孩子产生共鸣，便于建立知识联结，从而激发兴趣。

本书通过一个个故事引导孩子自主探索，按书中步骤完成制作后，孩子会很有成就感。在故事结束后，我预留了相关的拓展问题，有助于开发孩子的想象力。建议家长陪伴孩子完成部分作品，引导孩子按书中的步骤进行搭建，逐步培养孩子的动手实践和思维拓展能力。

本书采用图解式的技术指导，动手能力不强的家长也能够按照图解对孩子进行指导。在孩子掌握搭建和编程的基本方法后，即便是识字较少的孩子，也可以通过读图完成搭建。在每节课最后，我结合每课的知识点设置了进阶性的思考问题，引导孩子在知识点上延伸思考，提升孩子对于知识点的理解与运用，激发孩子的创造力。

父母是孩子最好的老师。在阅读本书时，希望各位家长保持童心、耐心，成为孩子的朋友，以积极的方式引导孩子完成乐高 EV3 制作，这种潜移默化的影响将提升孩子自信心和求知欲。在阅读本书的过程中，希望各位家长与孩子可以享受美好的亲子活动时光，留下一段珍贵的回忆。

张海涛
2021 年 1 月

目录

目录

转动的风扇

克里斯家族生活在丹麦的一座小镇里面，家里成员包括克里斯爷爷、克里斯奶奶、克里斯爸爸、克里斯妈妈和小克里斯，哦，还有克里斯的宠物狗——维克多。

在乐高的发祥地丹麦，大人和小孩对乐高的喜爱是超出人们想象的。小克里斯从小就开始玩乐高积木，收到的最多的礼物就是乐高积木套装。在一个炎热的夏天，小克里斯迎来了他 10 岁的生日，克里斯爸爸送给他一套最新的乐高 EV3 套装。当小克里斯打开包装看到电机和 EV3 时，他高兴地抓着电机跳了起来，跑到克里斯爷爷的面前举着电机手舞足蹈地说：“爷爷，以后我做的乐高玩具就能动了！”克里斯爸爸走过来摸着小克里斯的头说：“你想让它动起来的话得先学习编程哦，过来，我先教你如何使用 EV3 驱动电机吧！”

新知识：Motor Control

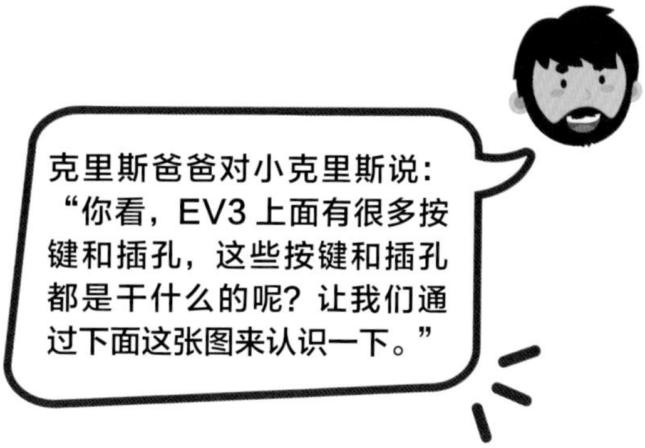

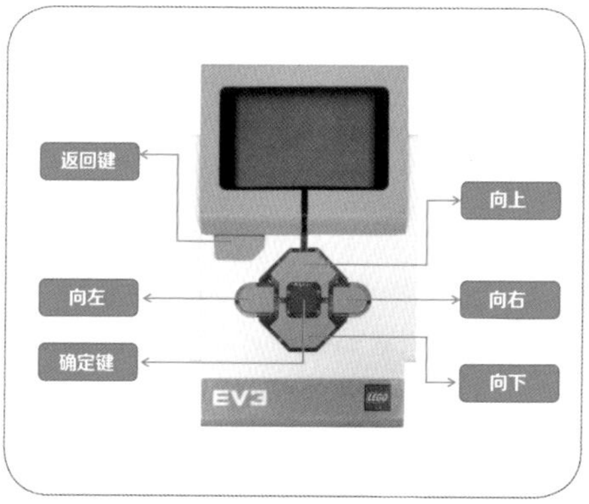

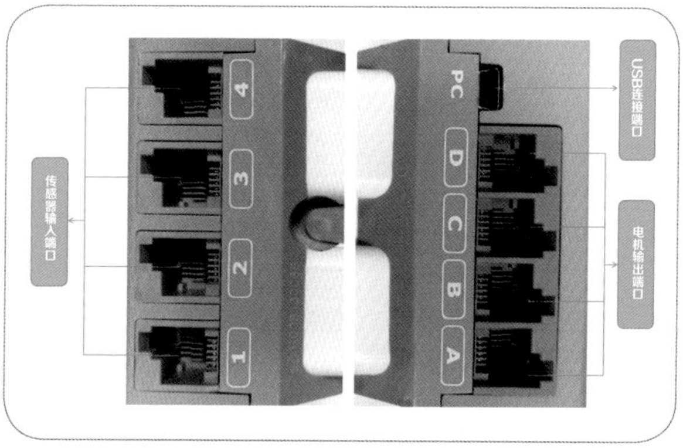

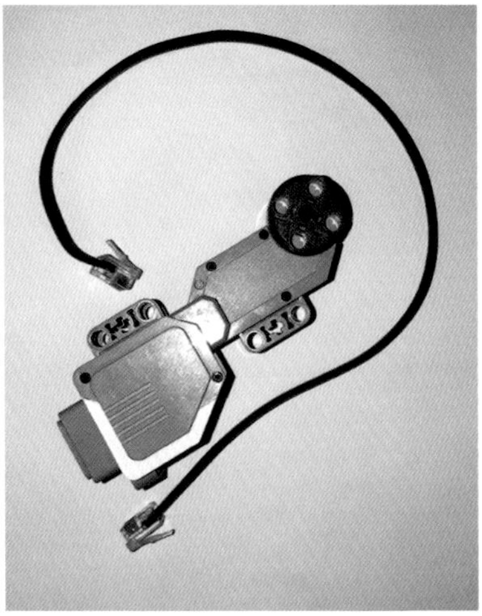

EV3 大型电机和连接线

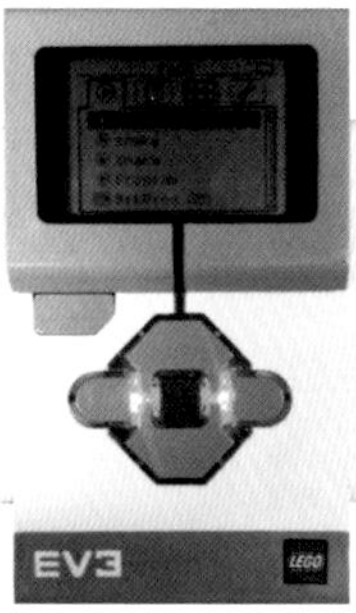

按下确认键打开 EV3。

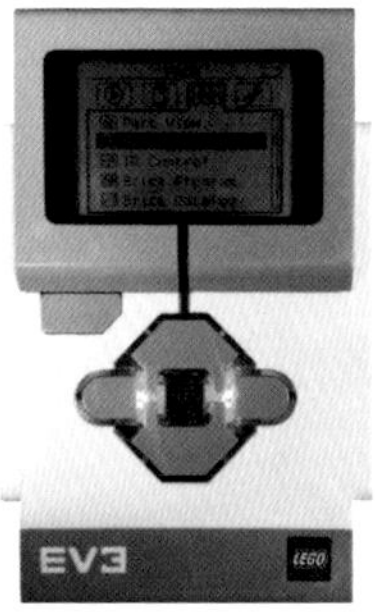

按两次“向右”按键。

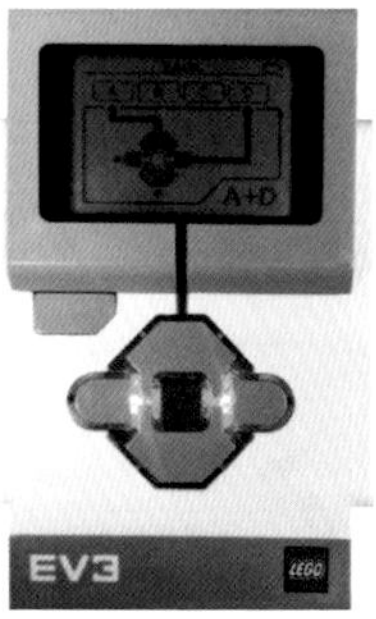

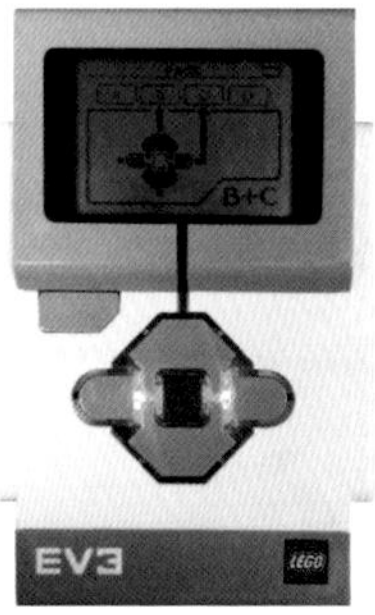

按下“确定键”进入“Motor Control（电机控制）”。
现在就可以根据箭头指示，使用“向上”和“向下”两个按键来控制 A 端口电机正反转，使用“向左”和“向右”两个按键来控制 D 端口电机正反转。
再按下“确定键”。
根据上图中的屏幕显示，现在切换到了 B 和 C 两个电机端口的控制。

“通过简单的操作就可以直接控制电机转动了，克里斯，今天天气这么热，你就给家里做一个电风扇吧！”克里斯爸爸说。
“克里斯，你知道吗，乐高零件有自己的长度单位，叫作乐高单位，1 乐高单位就是零件上一个孔的宽度。”

搭建步骤

01

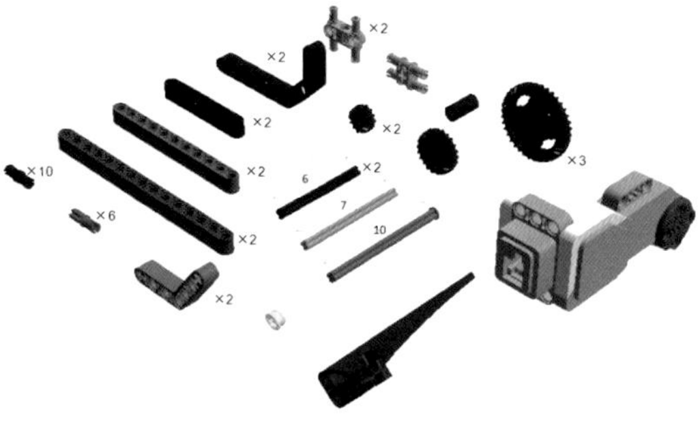

02

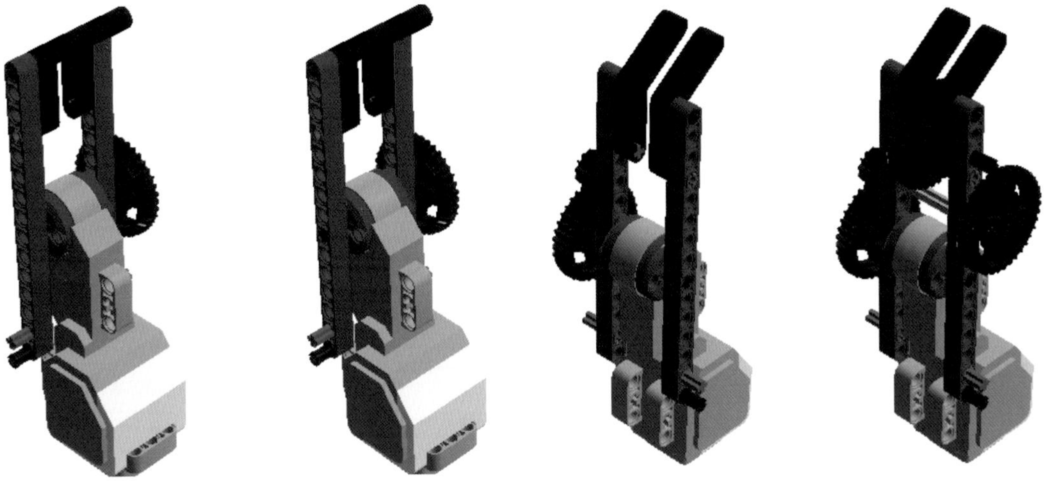

03

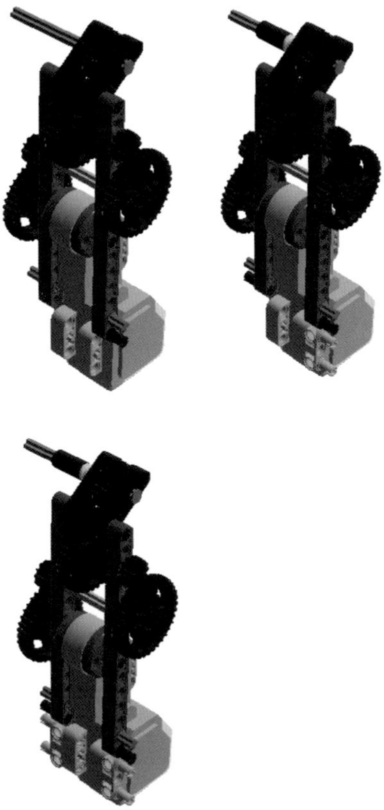

04

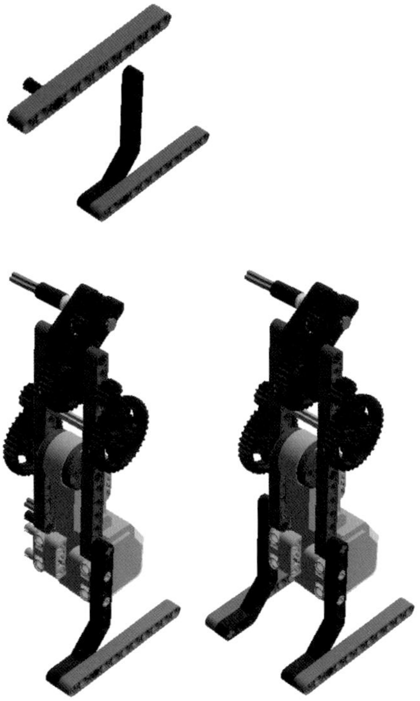

05

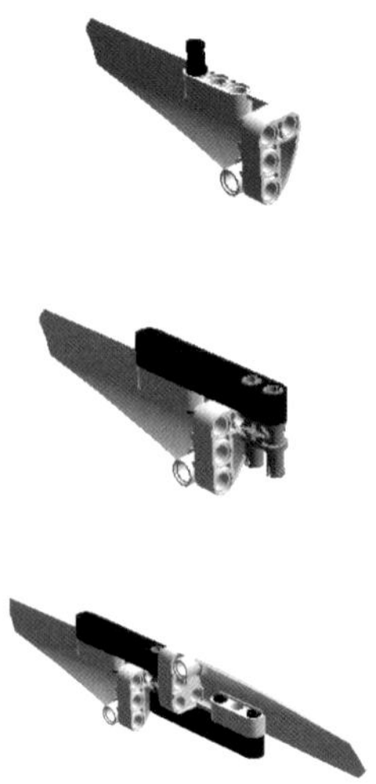

06

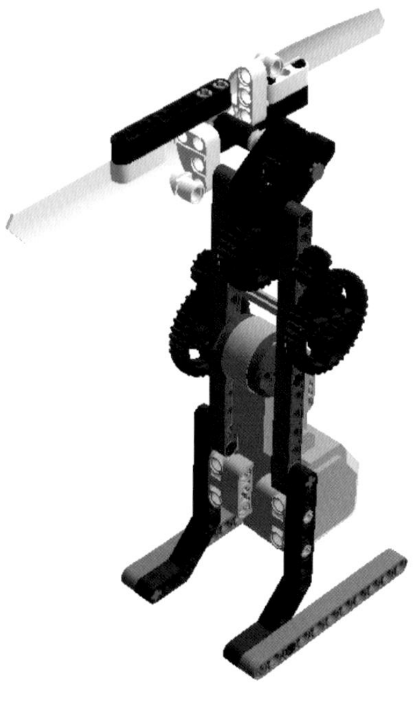

创意想象

我们按照以上步骤搭建，电风扇就做出来啦，之后只要把电机和 EV3 连接到一起就可以使用“电机控制”来让风扇转起来了！

“克里斯你看，你的风扇转起来了。”
“是呀爸爸，你看我聪明不？”
“我的克里斯最聪明了，你看风扇的扇叶转起来像什么？”
“像直升机的螺旋桨。”
“对，它和直升机的螺旋桨看起来非常像，那你能够再做一个直升机吗？”

小朋友们，你们能用乐高做一个直升机并让它的螺旋桨转起来吗？

弹珠超人的武器

克里斯爸爸　小克里斯

“爸爸、爸爸你快看！弹珠警察又赢了耶！”

“弹珠警察为什么能赢呢？你知道吗？”

“因为他们有厉害的机器人啊。”

“不全是这个原因，你看，有很多时候弹珠警察都被坏人打倒在地。你想想看，是什么让他们一次又一次坚持站起来去打倒坏人呢？你想想那些坏人每次都做了什么事情呢？”

小克里斯歪着头想了一下说：“我知道了爸爸，因为每次那些坏人都要做很多坏事，让大家受到伤害，所以弹珠警察一定要打败那些坏人。”

“对，就是这样，正是弹珠警察的责任感和保护大家的信念让他们能够坚持着一次一次地站起来，去打败敌人。”

“爸爸、爸爸，弹珠警察好厉害啊，我也想长大以后变得像他们一样，但是要好长时间我才能长大啊。”小克里斯露出了些许失落的表情。

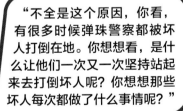

克里斯爸爸抱起小克里斯亲了他一下，说：“我没有办法让你马上长大，但是我想我有办法让你现在就变成弹珠超人。”

听到这里，小克里斯激动地对爸爸说：“真的吗？什么办法？什么办法？你快说啊！”

“去把你的乐高积木拿过来。”克里斯爸爸把小克里斯放到了地上。

小克里斯飞快地跑了出去把自己的乐高积木箱子抱了过来。

“用乐高积木可以做成各种各样的东西，今天我就教你怎么做弹珠枪吧！”

新知识：往复结构

想要做成弹珠枪就一定要学会往复结构，只有这样你才能保证在电机持续转动的情况下，弹珠枪能自己装弹，我们来看一下下面这张图片。

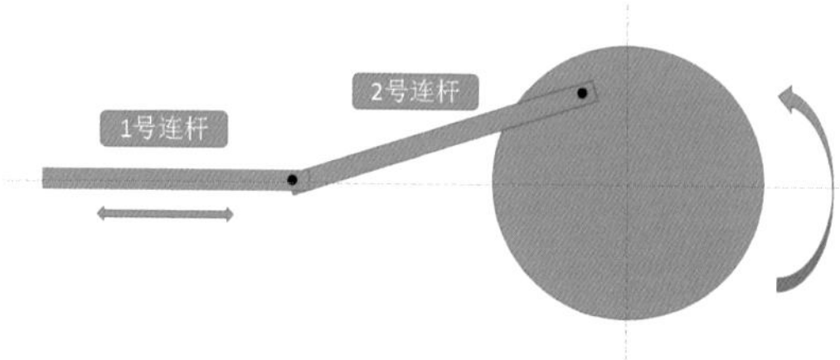

1 号连杆与 2 号连杆连接，2 号连杆与圆盘连接，当圆盘围绕中心点运动的时候，会带动 2 号连杆运动，使 2 号连杆的右端以圆形的轨迹去运动，形成了各个方向的位置移动。当 1 号连杆固定在一条直线上的时候，2 号连杆的左端也就被固定在了直线上；当 2 号连杆的右端开始进行圆周运动的时候，2 号连杆的左端则只能在直线上前后移动。这样，1 号连杆就被 2 号连杆带动进行前后运动，最终，1 号连杆就形成了“前后”的“往复运动”了。

“克里斯，你明白往复运动结构的运行方式了吗？”

“明白了，爸爸。”

“那么，下面我就带你去挑选零件吧！”

搭建步骤

01

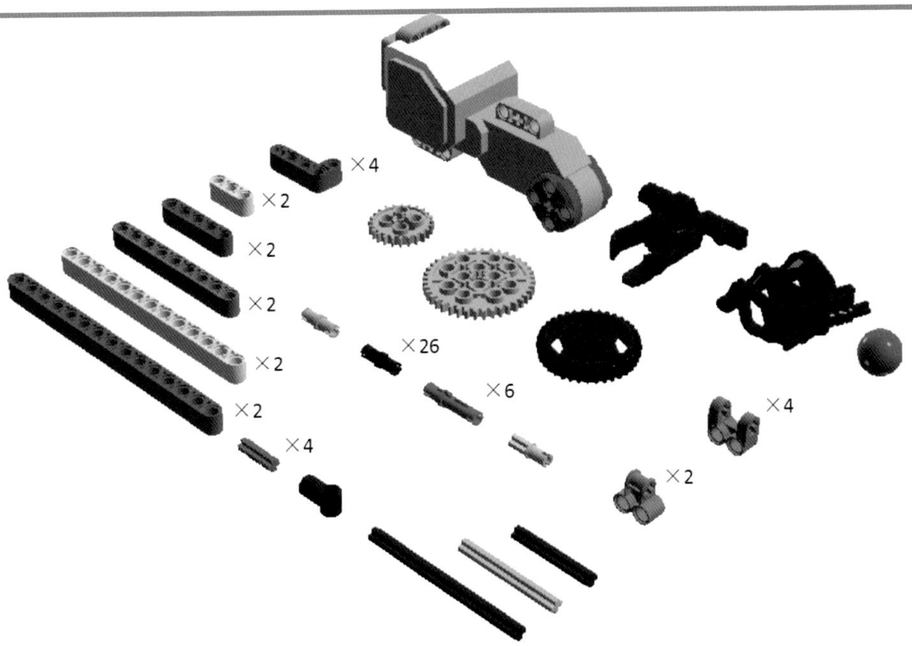

02

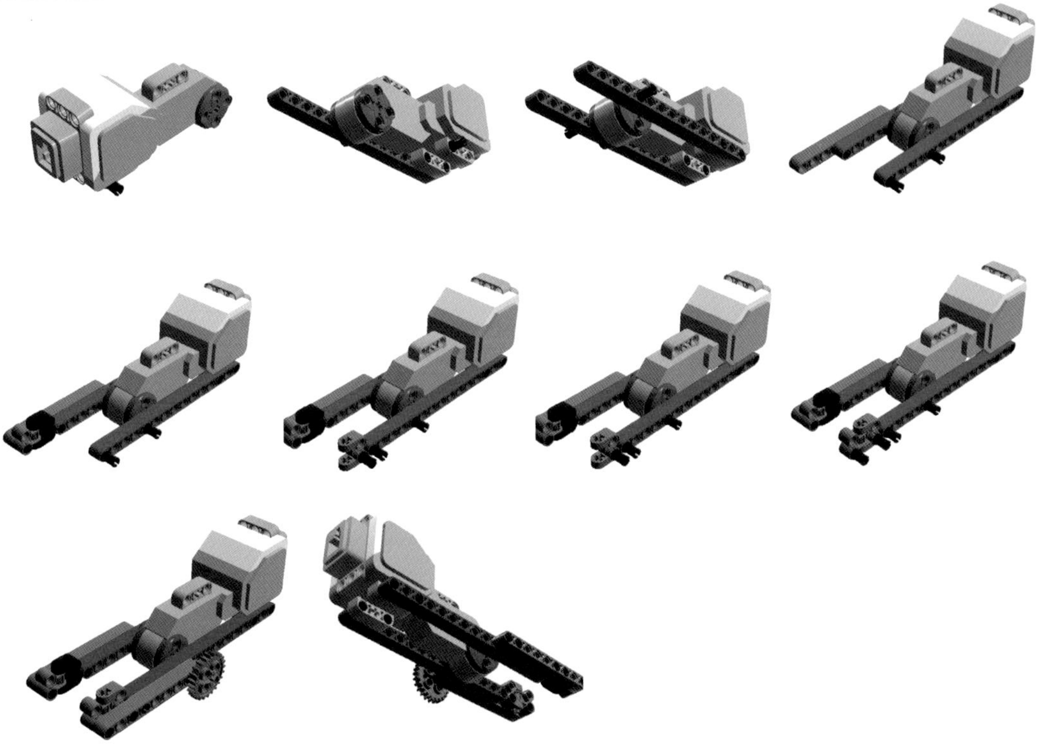

03

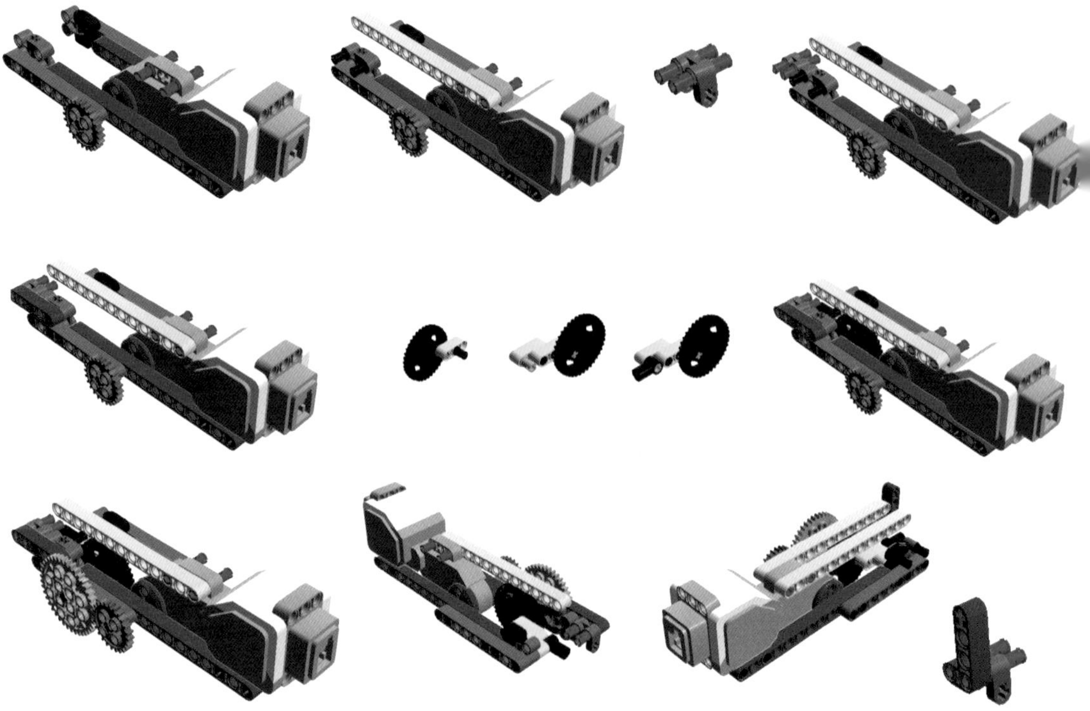

04

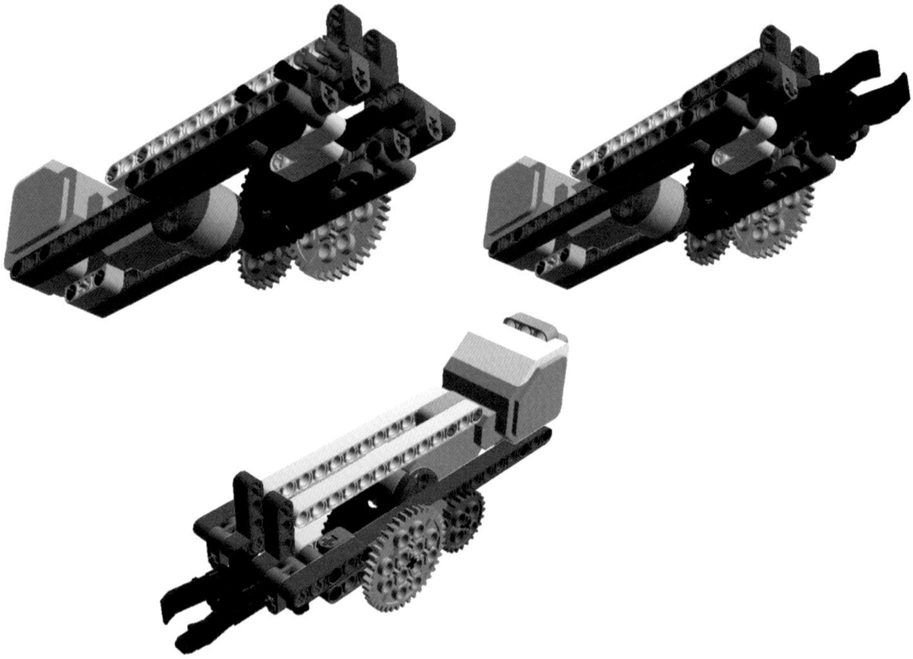

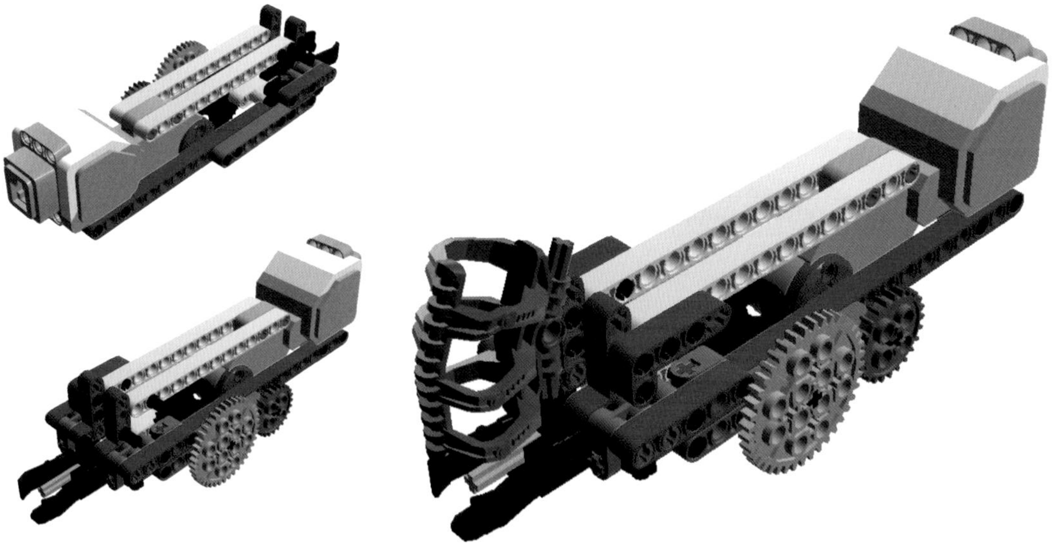

这样，弹珠枪就做好了，使用EV3驱动电机就可以发射弹珠了，赶快去试一下吧。使用时一定注意安全，不要对着人或小动物发射哦！也要注意不要被反弹的弹珠伤害到。

创意想象

克里斯爸爸鼓掌说道：“克里斯太棒了！”
“这样我也能成为弹珠超人了！”
“你看往复结构的运动情况，想一想它还能使用在什么地方呢？”

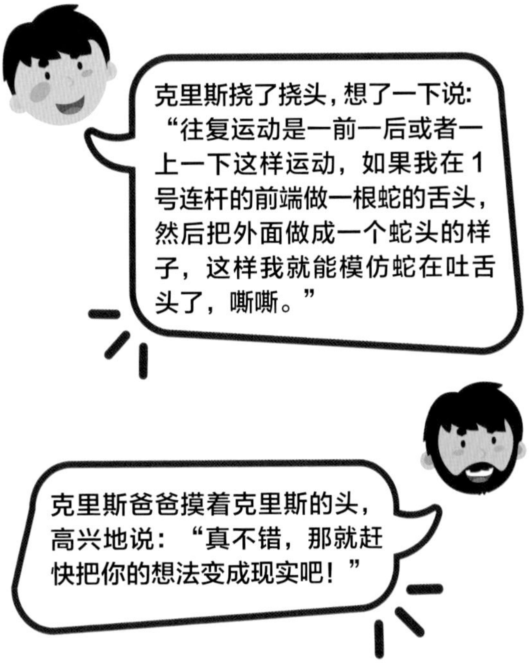

克里斯挠了挠头，想了一下说：“往复运动是一前一后或者一上一下这样运动，如果我在1号连杆的前端做一根蛇的舌头，然后把外面做成一个蛇头的样子，这样我就能模仿蛇在吐舌头了，嘶嘶。”
克里斯爸爸摸着克里斯的头，高兴地说：“真不错，那就赶快把你的想法变成现实吧！”

小朋友们，赶紧和小克里斯一起做一个能吐舌头的蛇吧！

自制机械手

克里斯爸爸　　小·克里斯

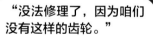

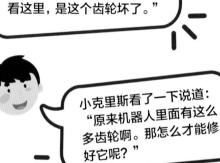

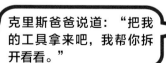

"爸爸，你在吗？"小克里斯边喊边跑到了客厅，发现爸爸正坐在沙发上看电视。

小克里斯拿着一个玩具机器人对爸爸说道："爸爸你看，这个机器人的手坏了。"

克里斯爸爸把机器人拿过来，看了一下说道："应该是里面的齿轮坏了。"

"那怎么办啊，爸爸？"

克里斯爸爸说道："把我的工具拿来吧，我帮你拆开看看。"

小克里斯跑出去把工具拿了过来。克里斯爸爸用螺丝刀拆开了机器人的手臂，检查了一下，指着里面说道："你看这里，是这个齿轮坏了。"

小克里斯看了一下说道："原来机器人里面有这么多齿轮啊。那怎么才能修好它呢？"

"没法修理了，因为咱们没有这样的齿轮。"

小克里斯失落地说道："那我以后就没法玩它了。"

"别伤心，虽然我不能把它修好，但是我可以用乐高给它做一个新的机械手。"

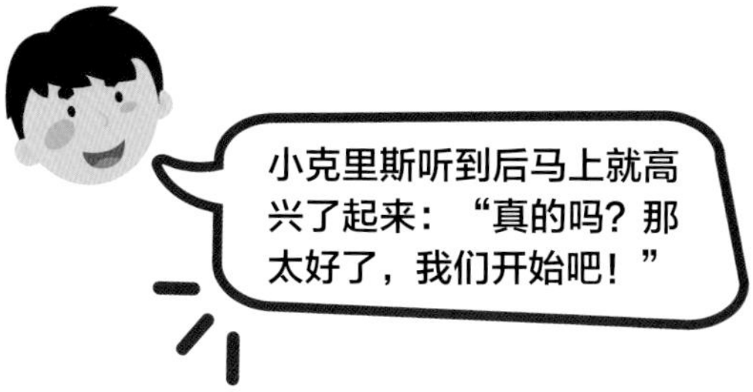

小克里斯听到后马上就高兴了起来："真的吗？那太好了，我们开始吧！"

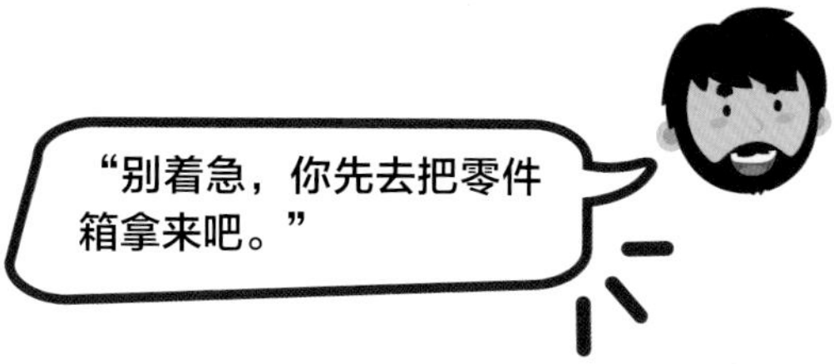

"别着急，你先去把零件箱拿来吧。"

小克里斯飞快地把零件箱抱了出来。

新知识：齿轮传动的奇偶性

想要做机械手，你需要先了解齿轮传动的奇偶性。齿轮是机械结构中常见的用于传递动能的零件。它在传递动能的过程中会有自己的特点，请看下面的图片。

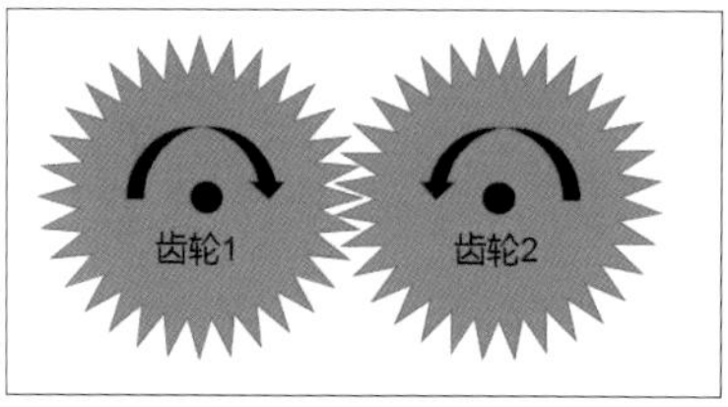

当齿轮 1 顺时针转动的时候，齿轮 2 会随之逆时针转动。那么当使用 3 个齿轮的时候，这些齿轮是如何转动的呢?

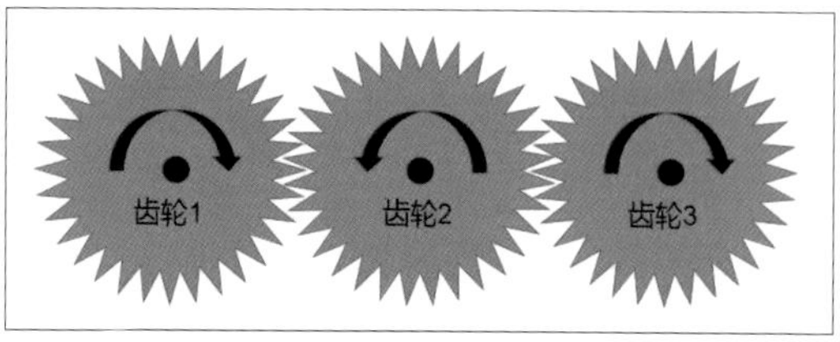

在使用 3 个齿轮的情况下，齿轮 1 顺时针转动时，齿轮 2 逆时针转动，齿轮 3 顺时针转动。下面我们来看使用 5 个齿轮的情况吧。

在使用 5 个齿轮传动的情况下，齿轮 1、3、5 顺时针转动，齿轮 2、4 逆时针转动。从这几张图中我们就可以看出：当多个齿轮在同平面进行传动的时候，奇数位的齿轮转动方向相同，偶数位的齿轮转动方向相同，相邻的两个齿轮转动方向相反。

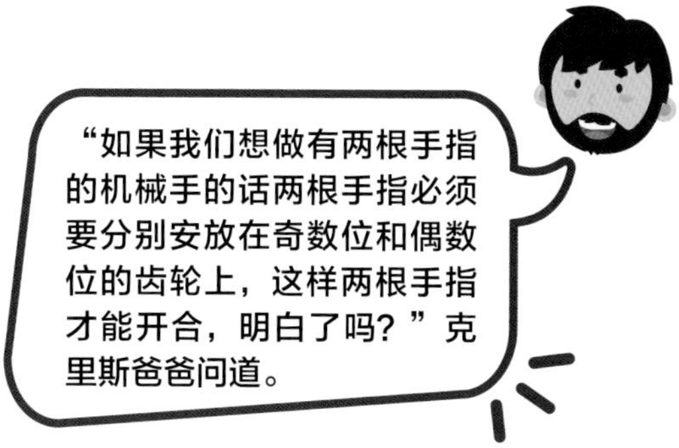

"如果我们想做有两根手指的机械手的话两根手指必须要分别安放在奇数位和偶数位的齿轮上，这样两根手指才能开合，明白了吗？"克里斯爸爸问道。

"嗯嗯，我明白了，爸爸。"
"既然明白了，下面就让我们来挑选零件吧。"

搭建步骤

01

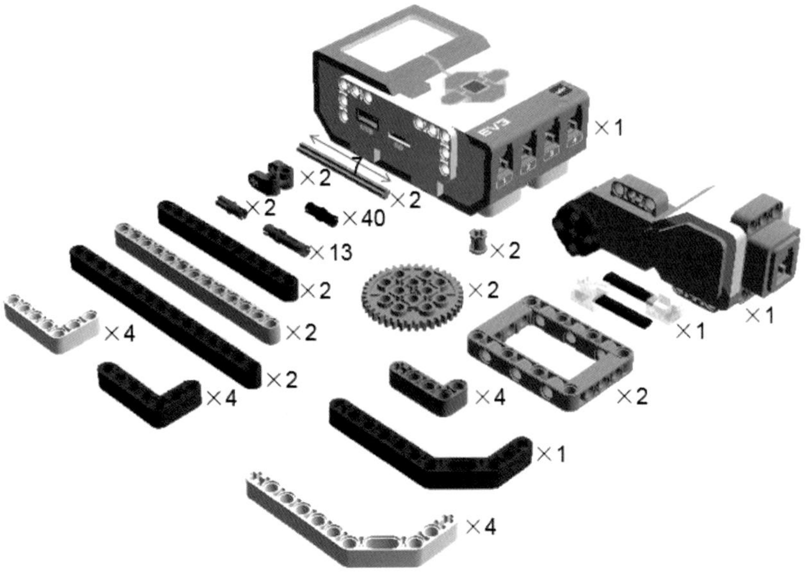

02

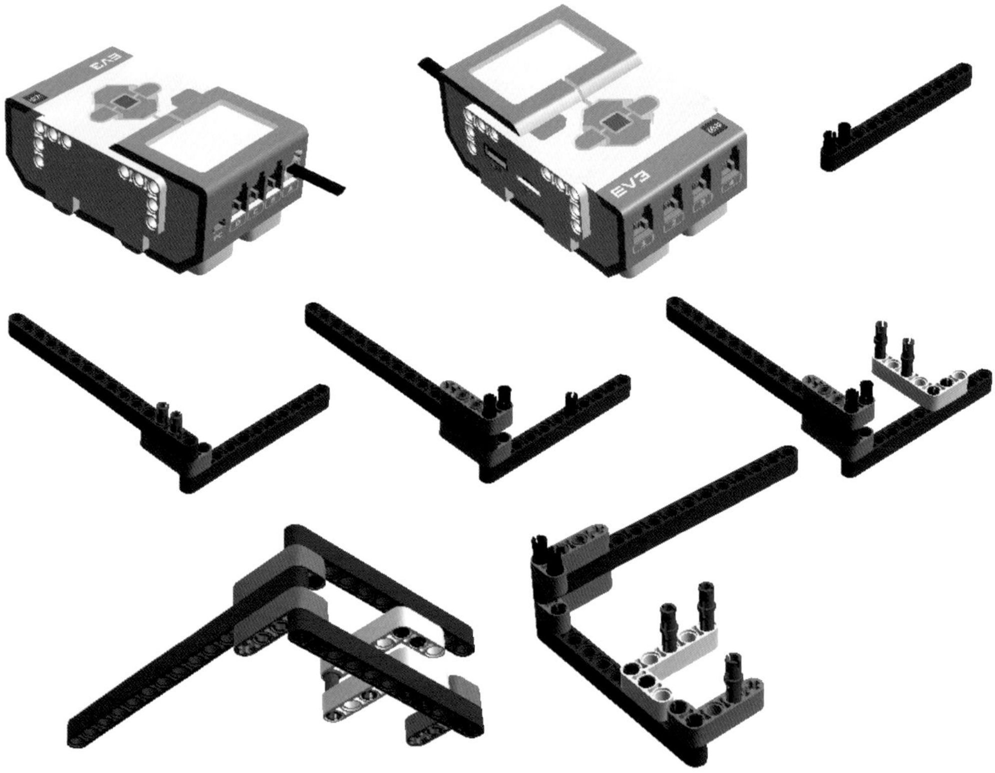

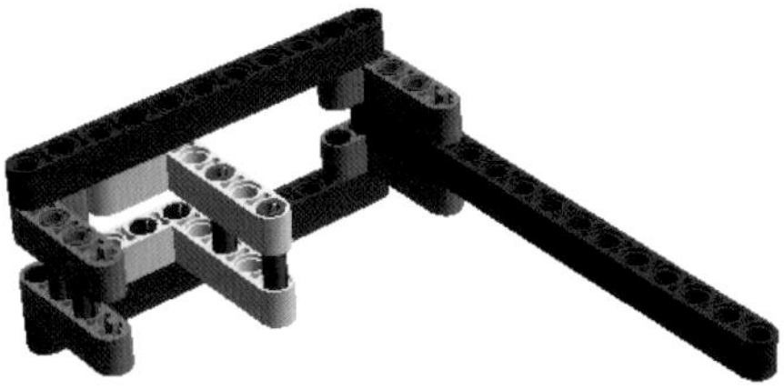
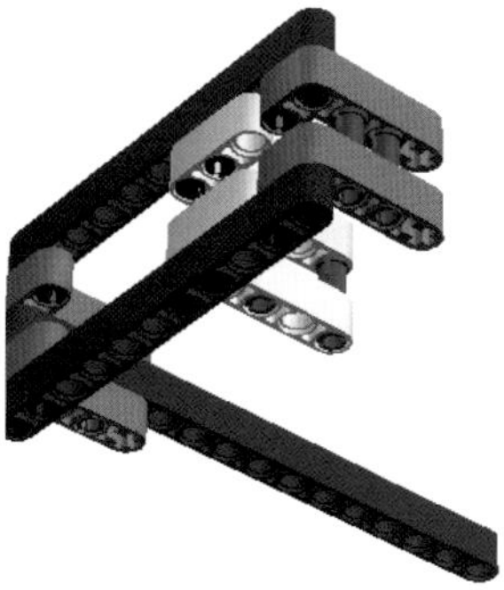

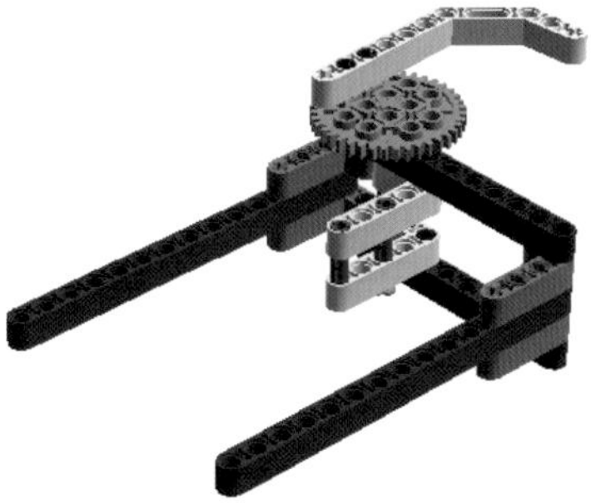
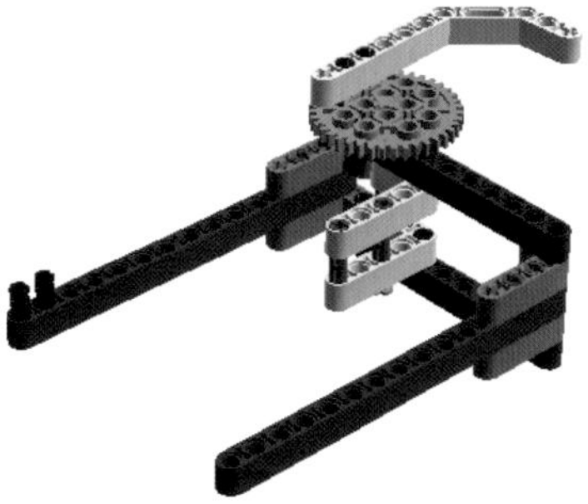
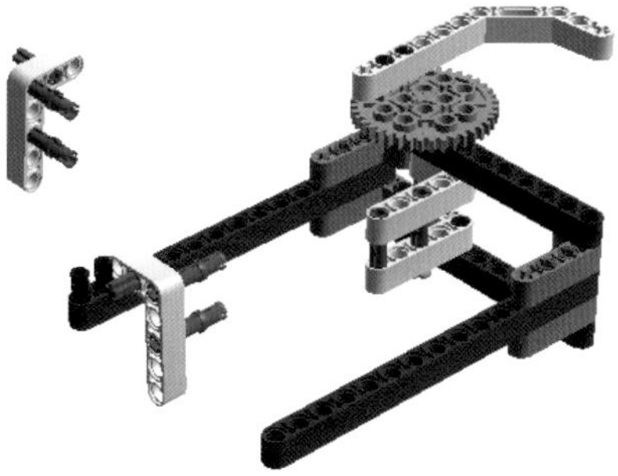

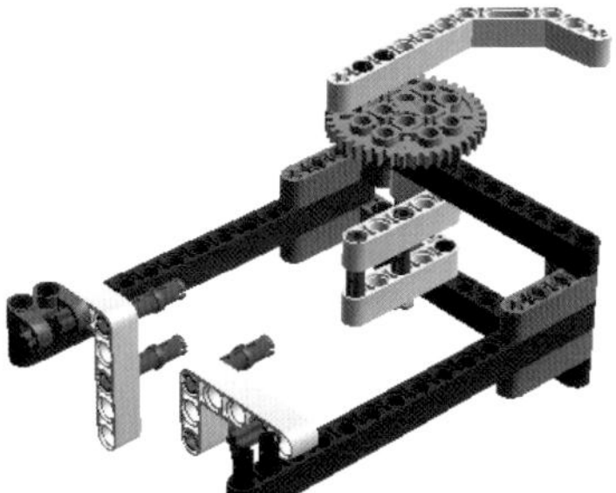
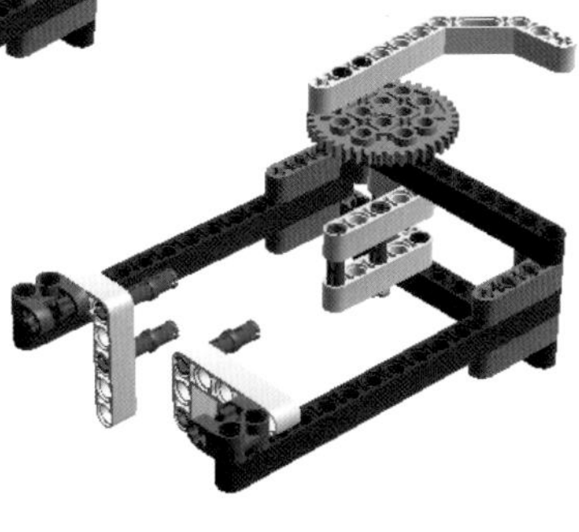

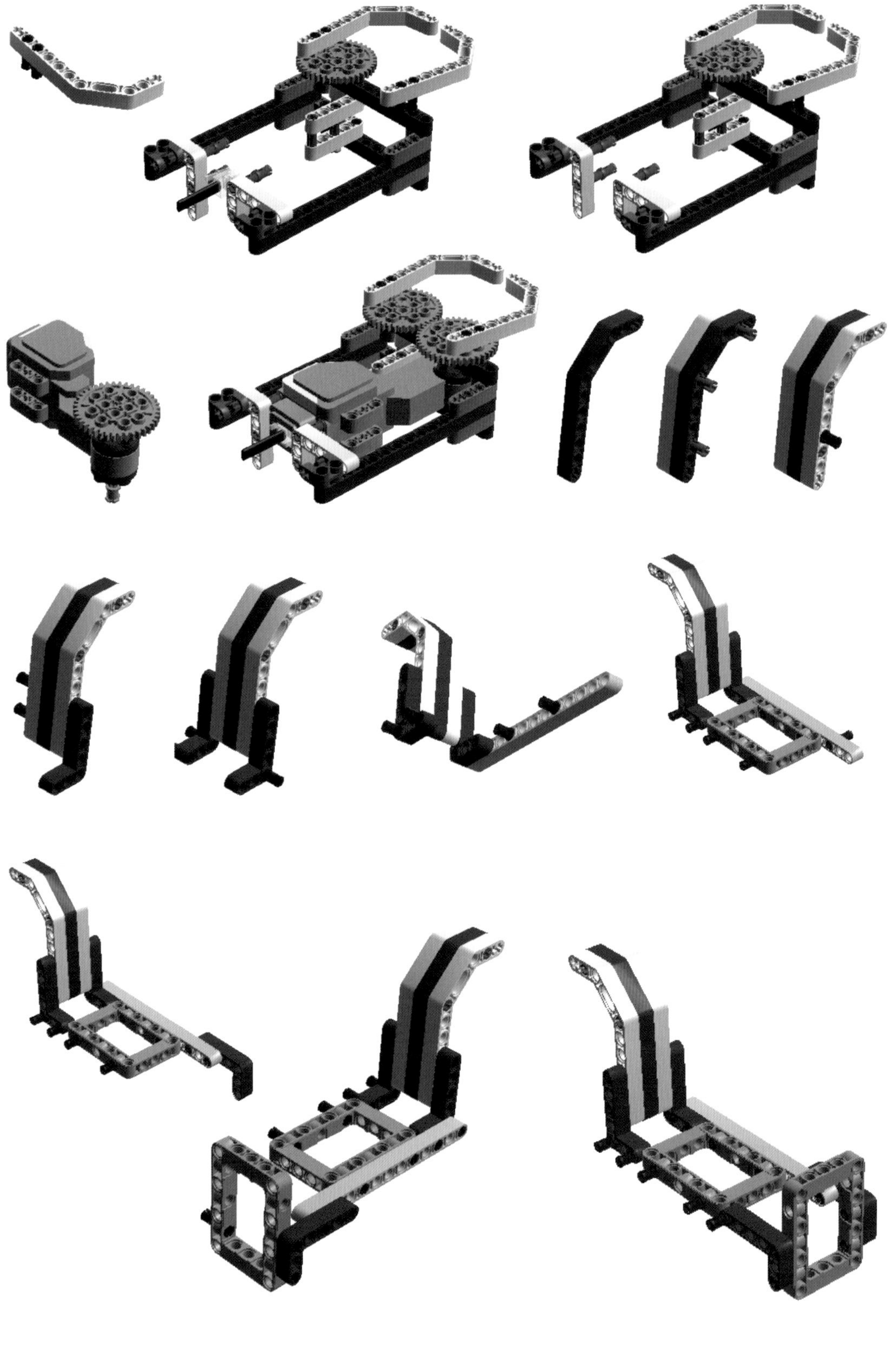

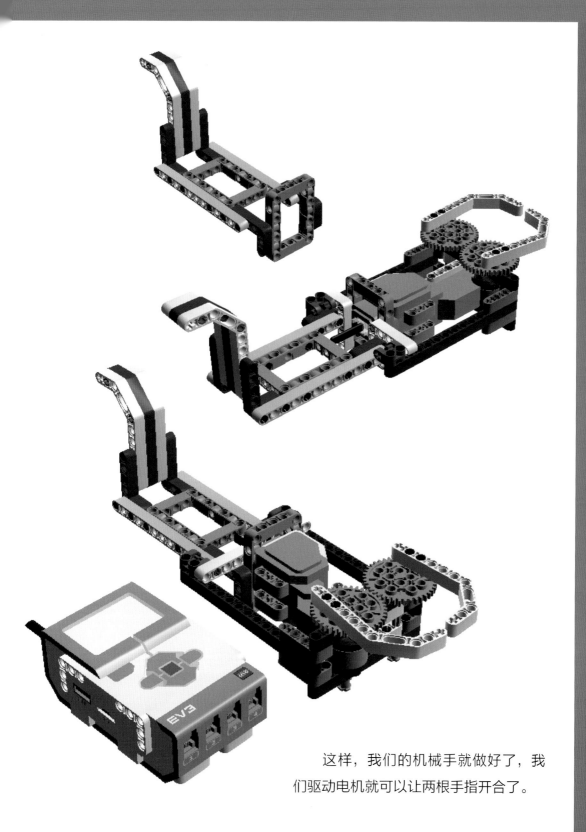

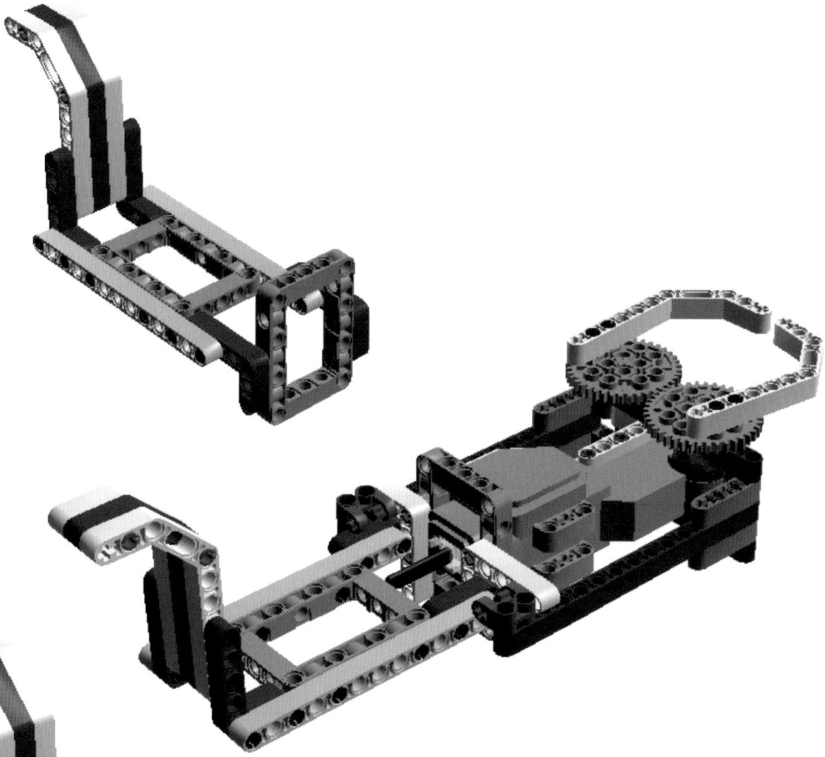

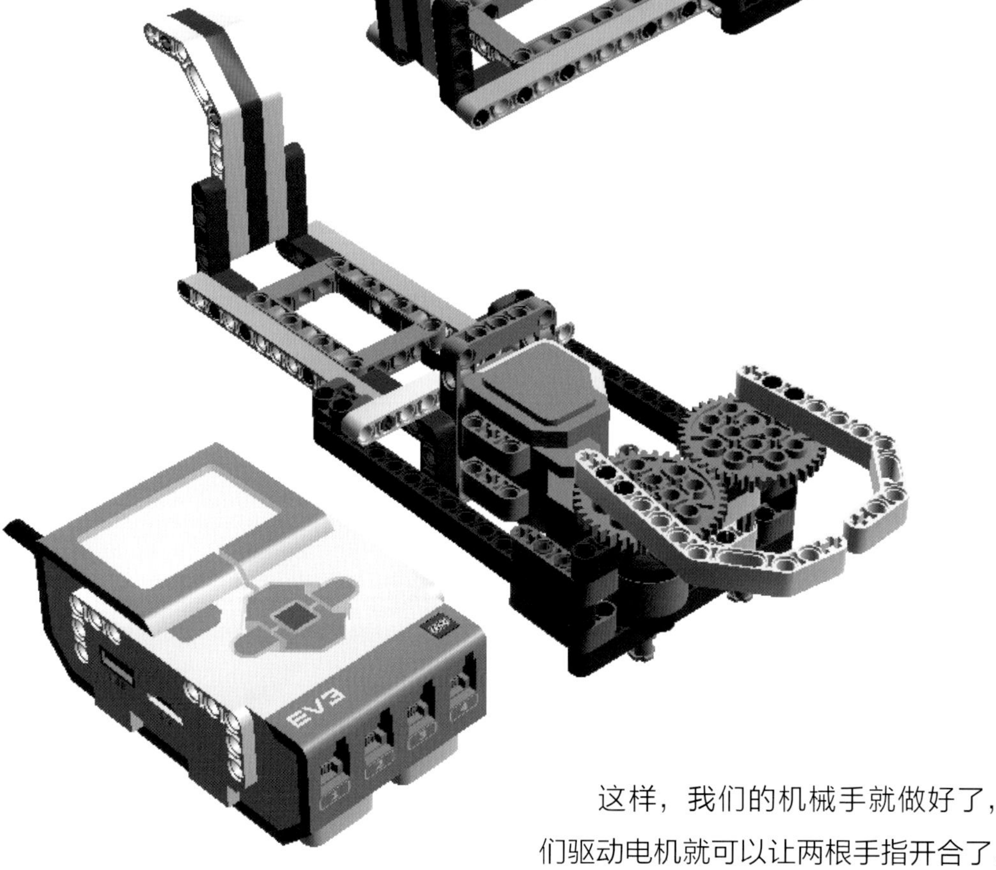

这样，我们的机械手就做好了，我们驱动电机就可以让两根手指开合了。

创意想象

小克里斯迫不及待地尝试了起来，爪子果然是一开一合的，便说道："爸爸真厉害，果然是这样。"
"齿轮传动你学会了，那你想一下家里有什么设备是使用齿轮传动原理制作的呢？"
小克里斯想了一下说道："有扫地机器人、抽油烟机、电风扇，对吗？"
"对，这些设备里面都有齿轮，但是在厨房里还有一种很小的设备里面也使用了齿轮哦。"

"是打蛋器！它的打蛋头也是利用齿轮传动的。"
"真聪明，那么下面你就来尝试着自己做一个打蛋器吧。"

小朋友们，来和小克里斯一起做个打蛋器吧。

幸福的摩天轮

克里斯爸爸　小克里斯　克里斯妈妈

今天，克里斯一家三口来到了游乐场，他们正在坐摩天轮。

“爸爸、妈妈，你们看，在摩天轮里能看到很远的地方啊。”小克里斯指着窗外的远方说道：“爸爸，要是我不用长大，我们一家一直像现在这样坐摩天轮就好了，想一想就感觉好幸福啊。”

克里斯妈妈摸了摸小克里斯的头说道：“怎么可能呢，随着时间的流逝，你会慢慢长大，我们也会渐渐变老，这是自然规律啊。”

“那你们老了之后还能和我一起坐摩天轮吗？”

克里斯爸爸：“虽然我们不能一直和你坐摩天轮，但是我们可以把这段幸福的时光记录下来。”

“真的吗？要怎么做啊？”

“我们先开心地玩吧，到家我就告诉你。”

于是，小克里斯在爸爸妈妈的陪伴下，度过了快乐的一天。回到家之后，小克里斯就拉着爸爸问道：“我们到家了，现在可以告诉我了吧？”

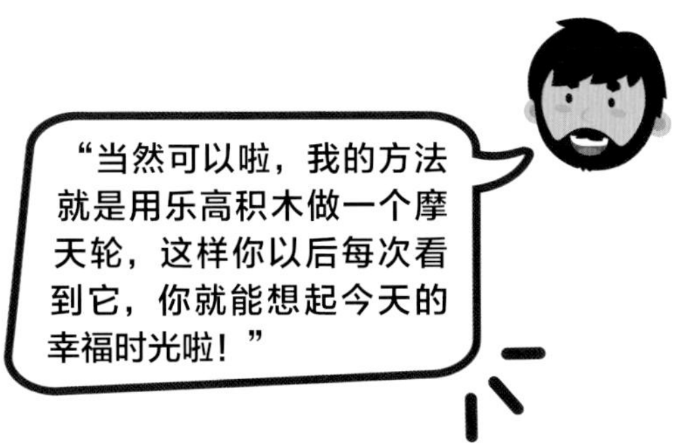

“当然可以啦，我的方法就是用乐高积木做一个摩天轮，这样你以后每次看到它，你就能想起今天的幸福时光啦！”

“太好了，我这就去拿零件。”

小克里斯把零件拿了出来。

新知识：加/减速齿轮组

今天借助摩天轮的模型，为大家介绍一种新的机械结构——加 / 减速齿轮组。加 / 减速齿轮组是一种很常见的机械结构，如下图所示。

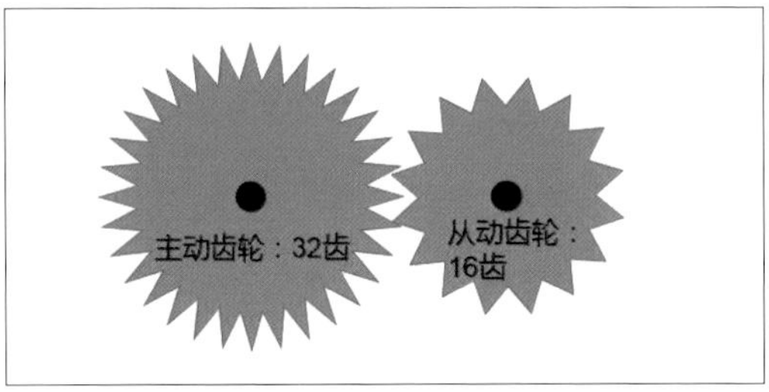

从图中我们可以看出：主动齿轮有 32 齿，从动齿轮有 16 齿。当主动齿轮转动一圈时，从动齿轮会转动两圈，这就是加速齿轮组，主动齿轮的齿数大于从动齿轮的齿数，可以让从动齿轮的转动速度变快。

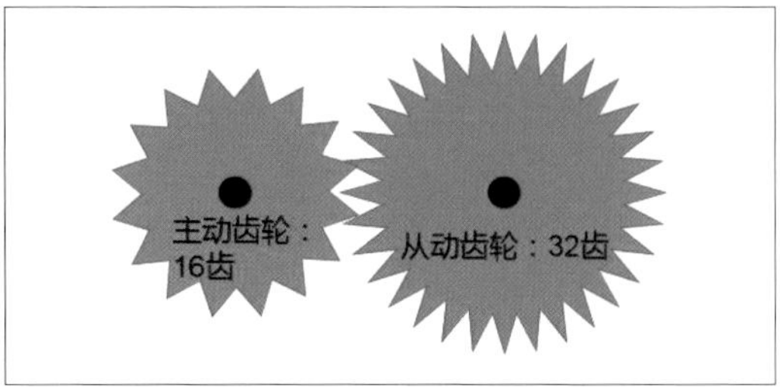

和上一张图片相比，这张图中主动齿轮和从动齿轮调换了位置，主动齿轮为 16 齿，从动齿轮为 32 齿。当主动齿轮转动一圈时，从动齿轮只转动半圈，这就是减速齿轮组，主动齿轮的齿数小于从动齿轮的齿数，可以让从动齿轮的转动速度变慢。

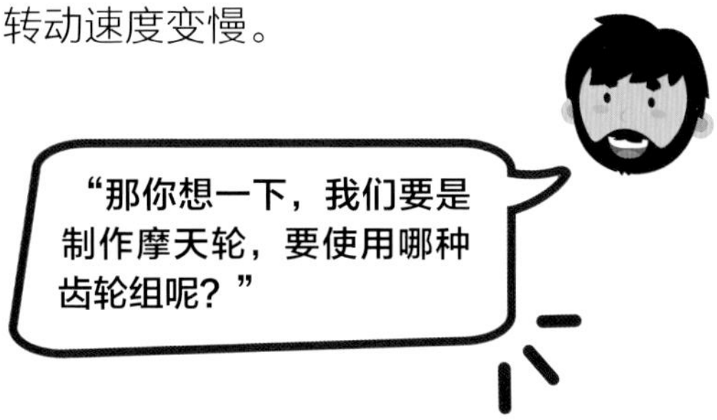

“那你想一下，我们要是制作摩天轮，要使用哪种齿轮组呢？”

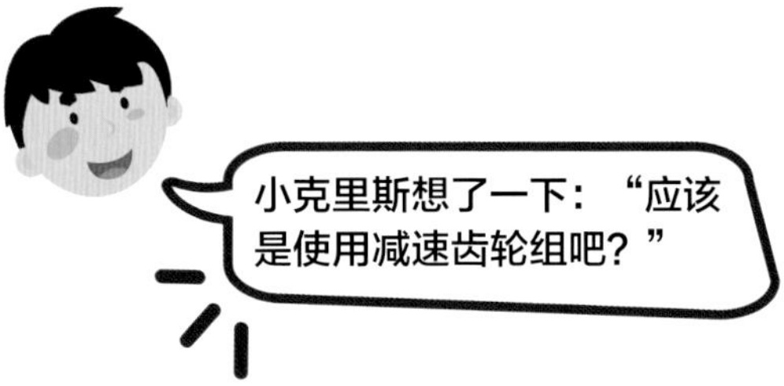

小克里斯想了一下：“应该是使用减速齿轮组吧？”

“答对了，下面就让我们来选择相应的零件吧。”

搭建步骤

01

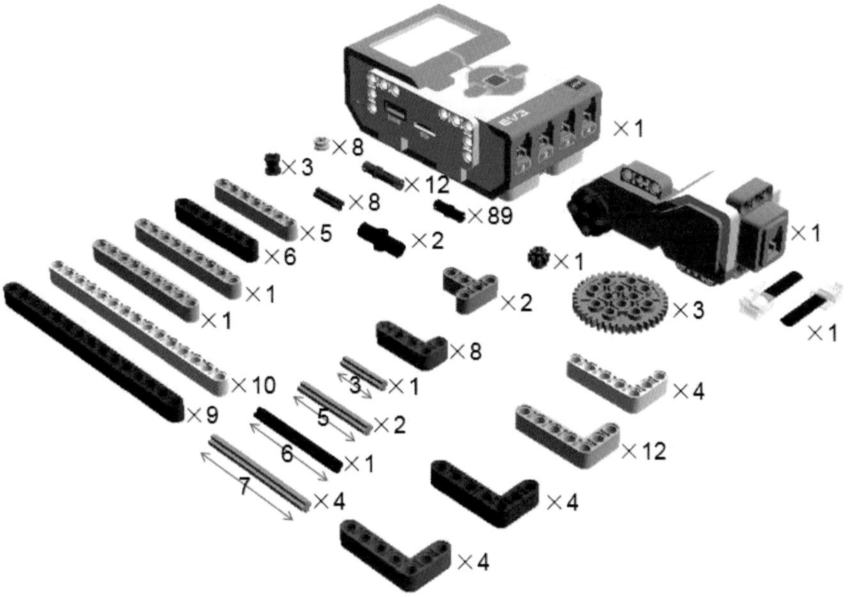

02

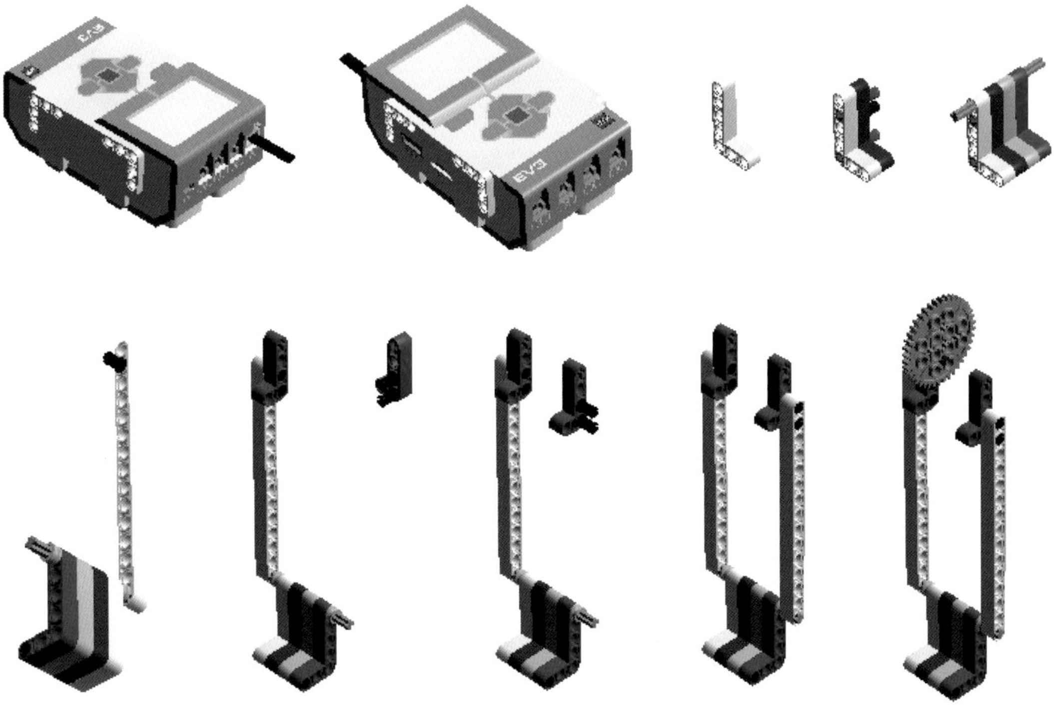

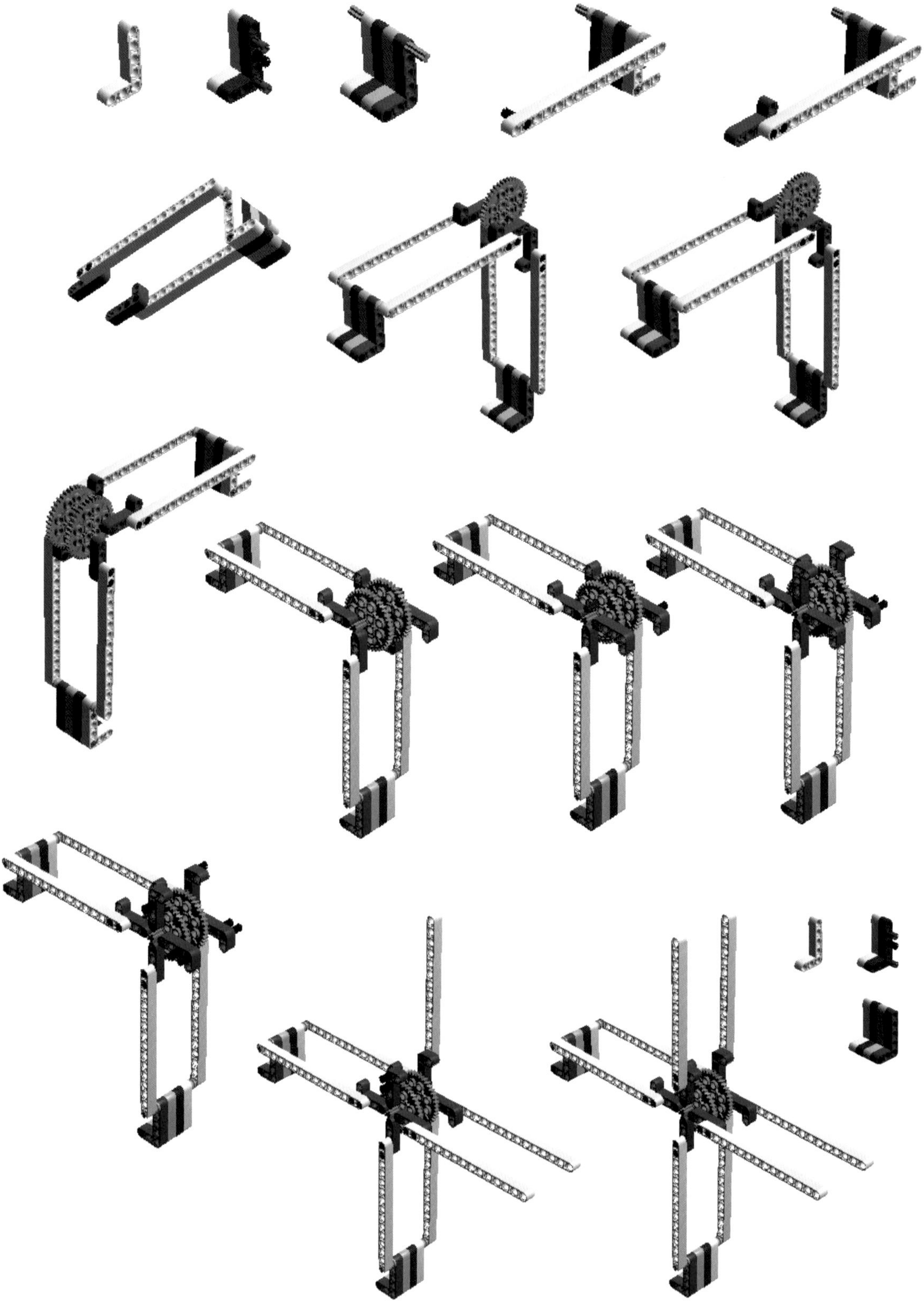

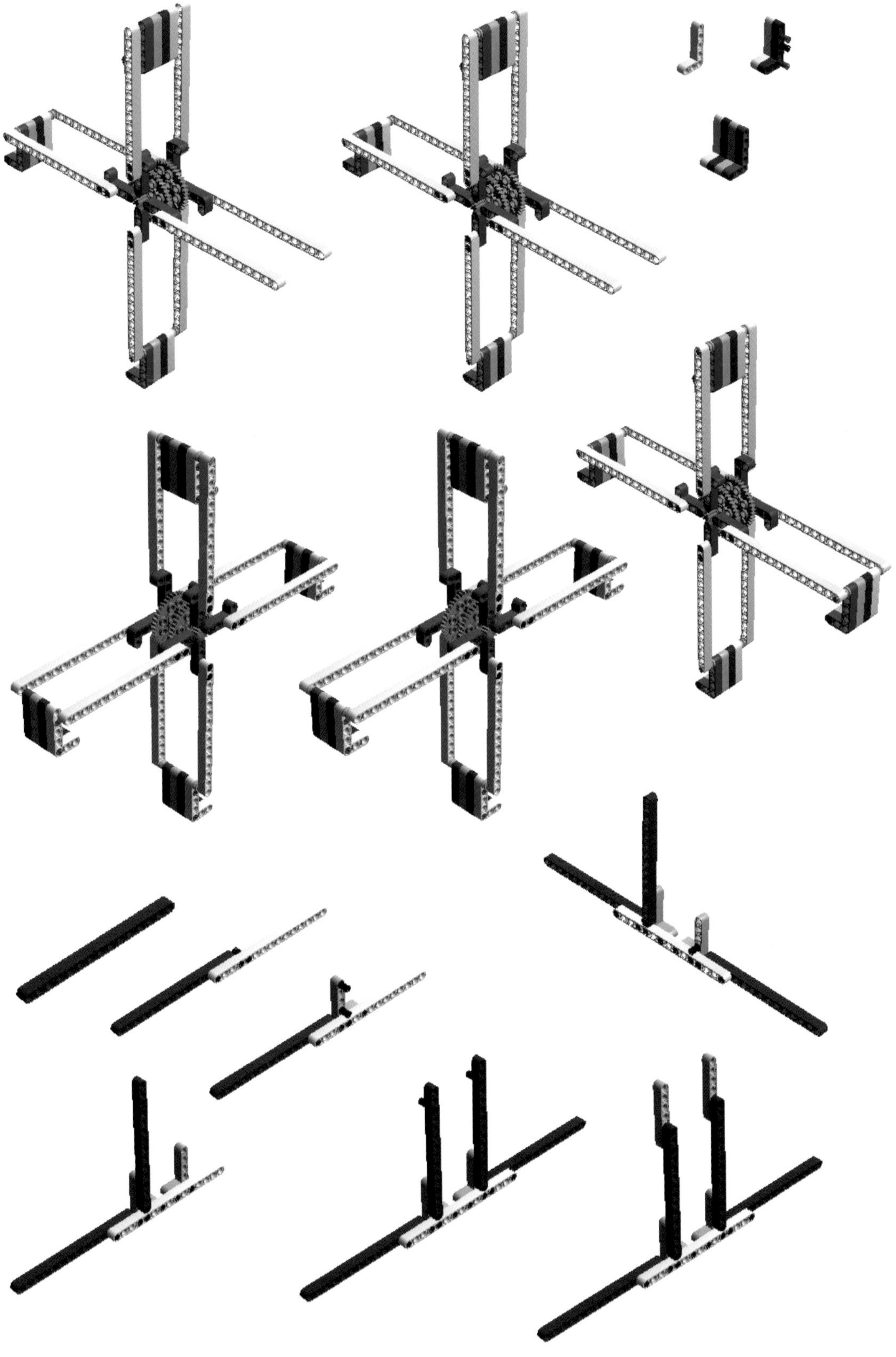

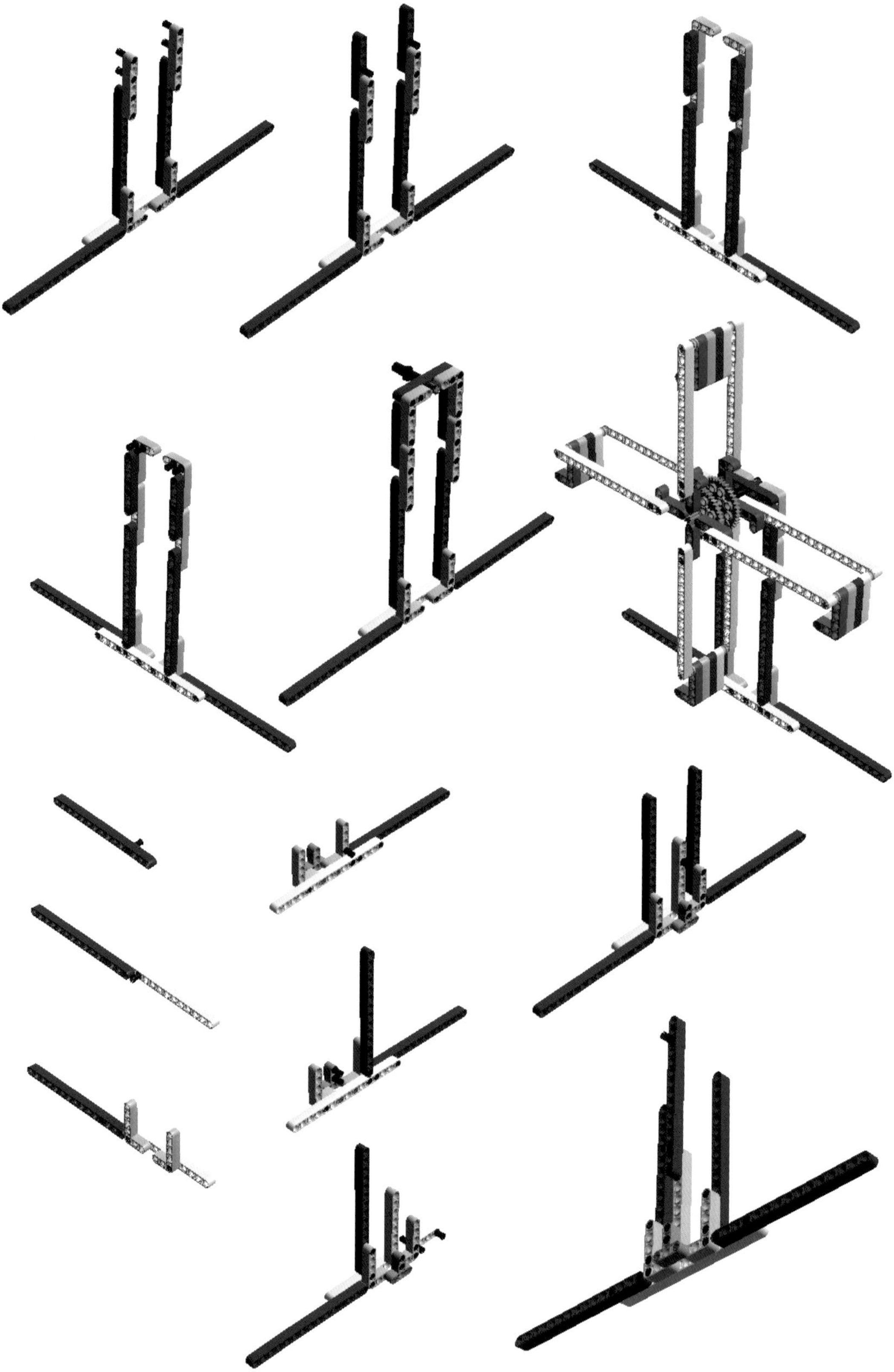

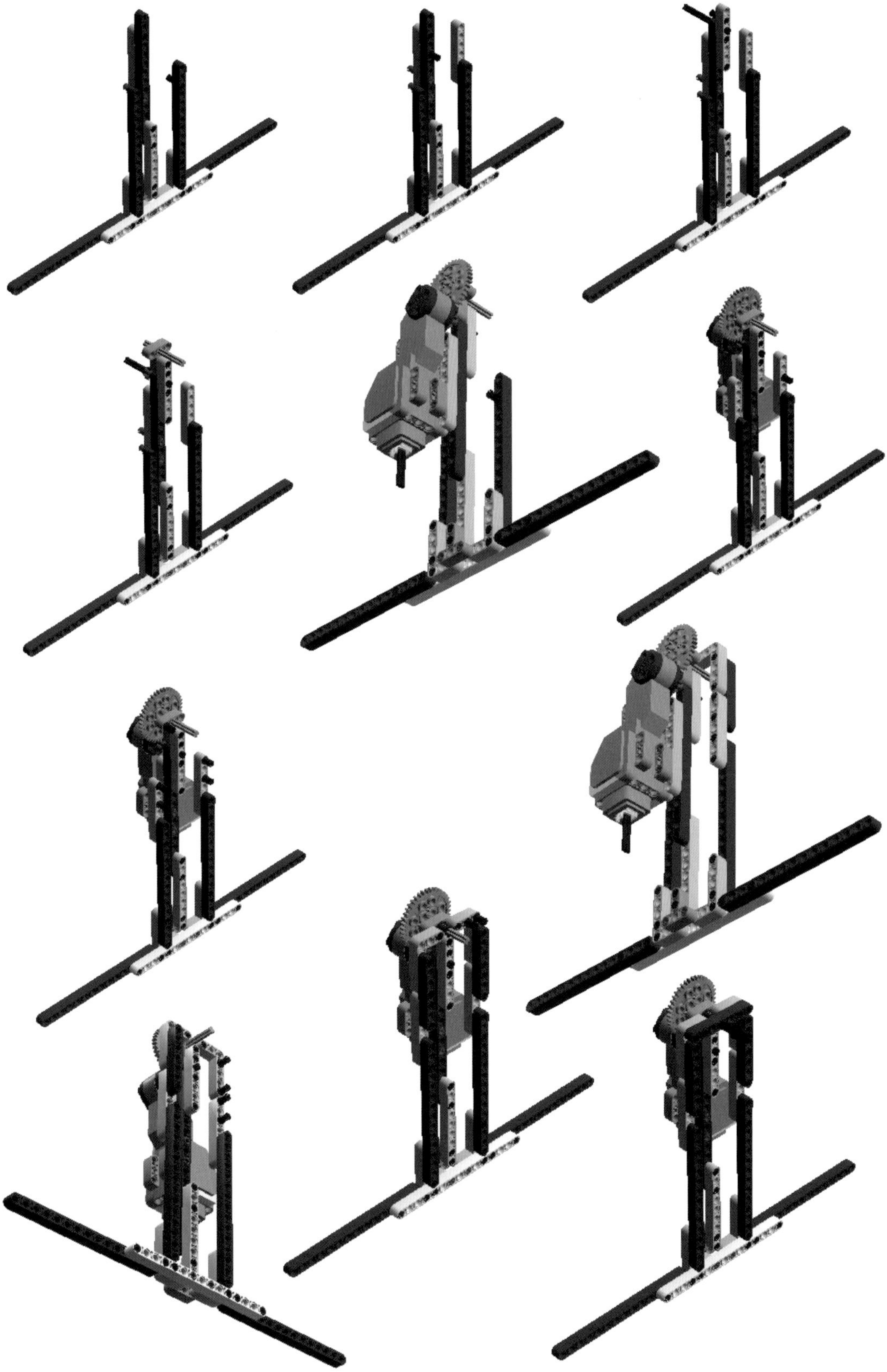

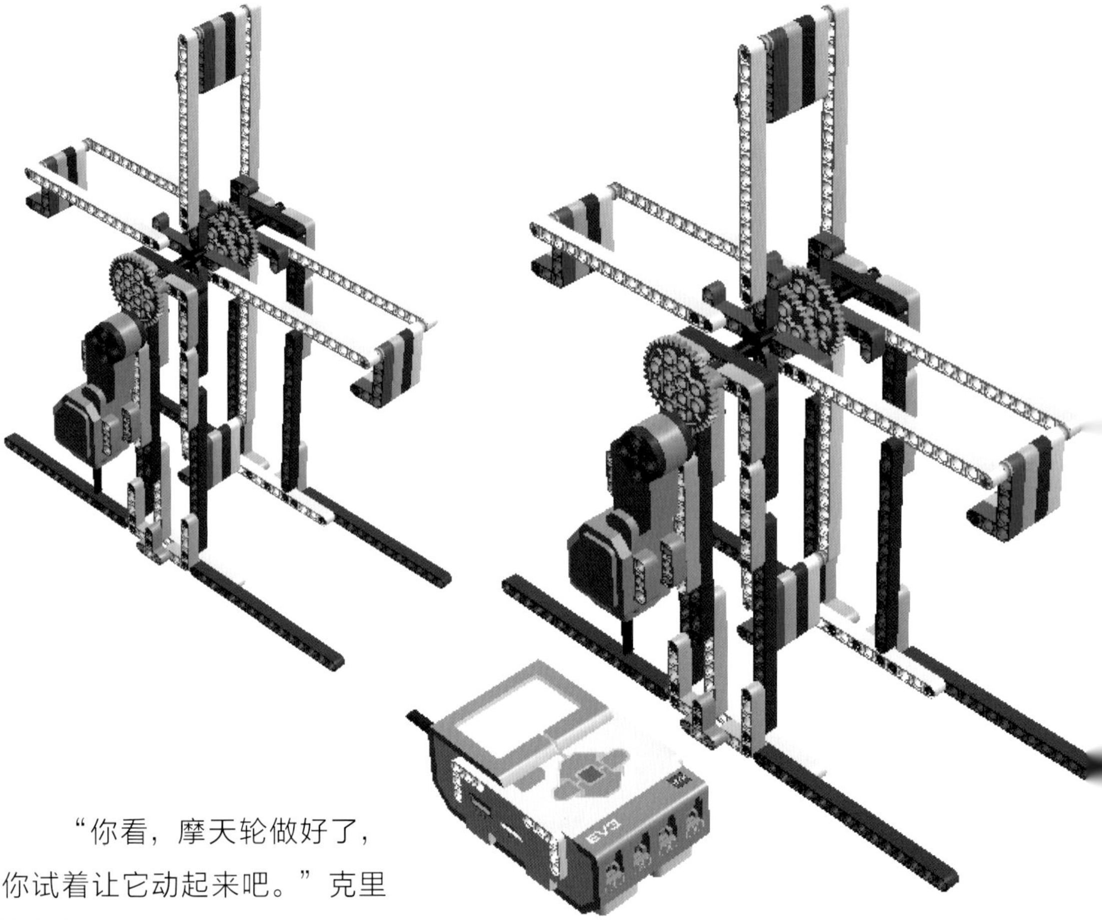

“你看，摩天轮做好了，你试着让它动起来吧。”克里斯爸爸说。

创意想象

小克里斯启动 EV3 之后，摩天轮转了起来，小克里斯高兴地跳了起来。

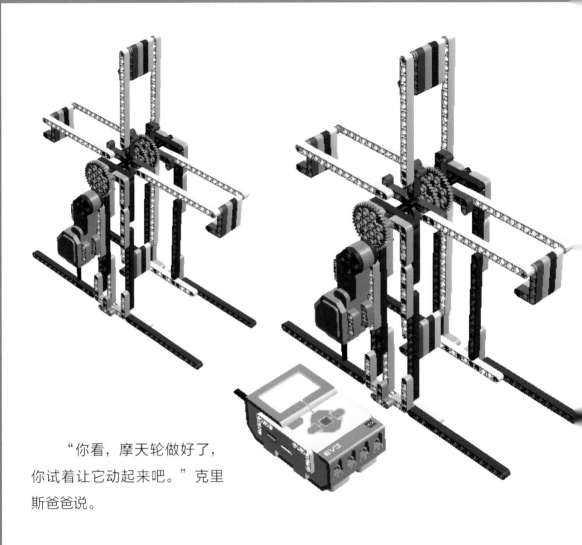

“今天讲的知识，你学会了吗？”

“嗯，我学会了。”

“既然学会了，就利用减速齿轮组做一个新的设备吧！”

“做什么好呢？”
“想想今天我们还玩过哪些游乐设施呢？”
小克里斯想了一下说道：“那我就做一个旋转木马吧，怎么样？”
“可以啊。”

小朋友们，来和小克里斯一起做个旋转木马吧。

陀螺发射器

克里斯爸爸　小·克里斯

“爸爸你看，我抽陀螺抽得怎么样？”小克里斯在院子里边抽着陀螺边对爸爸说道。

“嗯嗯，真不错，但是……”克里斯爸爸的话还没说完，陀螺就被小克里斯抽飞了。

“你看，我话还没说完你就分心了，记住要专心，这样才能把事情做好。”

小克里斯摸着脑袋说道：“我记住了。爸爸，我还有个问题。”

“什么问题啊？你说吧。”

“我能用乐高积木做一个抽陀螺的机器人么？”

“用乐高积木目前做不出来这样的机器人，但是我们可以换一个思路。”

“什么思路啊？”

“我们可以做一个发射陀螺的设备。”

“真的吗，那它能让陀螺转很久吗？”

“当然可以啦！”

新知识：多级加速齿轮组

做这个设备需要用到之前讲过的知识，即加速齿轮组。但是只用加速齿轮组能够让陀螺飞速旋转吗？确实不行，还要用到新的机械结构——同轴齿轮组，同轴齿轮组就是将两个齿轮组连接在同一根轴上。

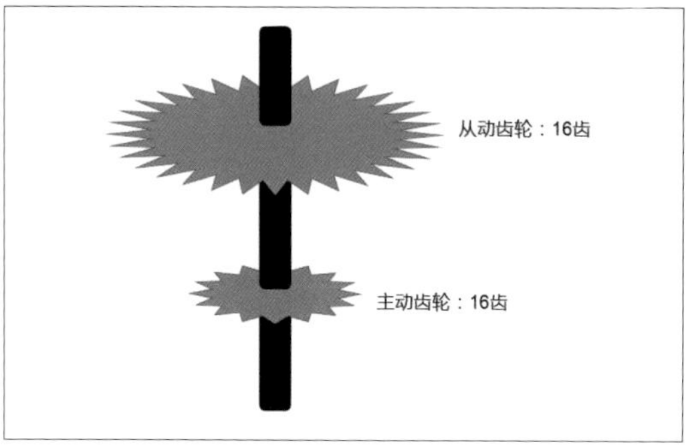

从动齿轮：16齿
主动齿轮：16齿

上图中，主动齿轮和从动齿轮被连接在一根轴上，当主动齿轮转动一圈的时候，从动齿轮因为被轴带动也转动一圈，所以无论齿轮大小与齿数多少，同轴齿轮组上的齿轮转动速度（角速度）都是一样的。下面我们把加速齿轮组和同轴齿轮组组合到一起。

当齿轮 1 转动一圈时，齿轮 2 转动两圈，齿轮 3 被轴带动也转动两圈，齿轮 4 则被齿轮 3 带动转动 4 圈，这样齿轮 4 就被“加速”了两次，这就是多级加速齿轮组。

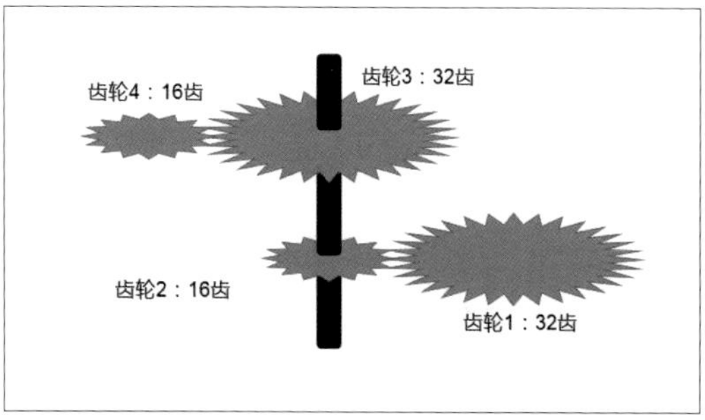

齿轮4：16齿
齿轮3：32齿
齿轮2：16齿
齿轮1：32齿

“现在你明白什么是多级加速齿轮组了吧？”

“嗯嗯，明白了，爸爸。”

“下面我们就开始挑选零件吧。”

搭建步骤

01

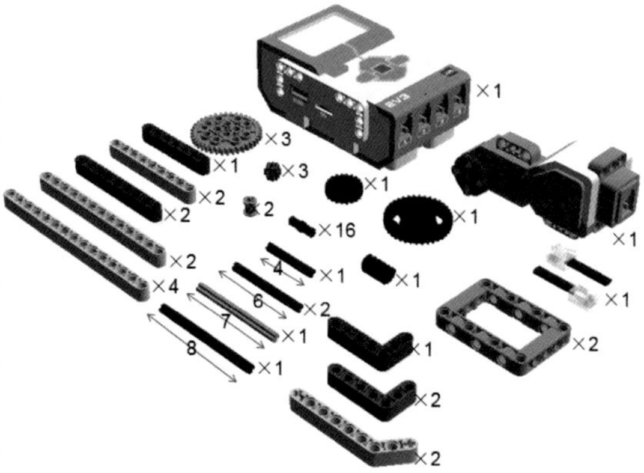

02

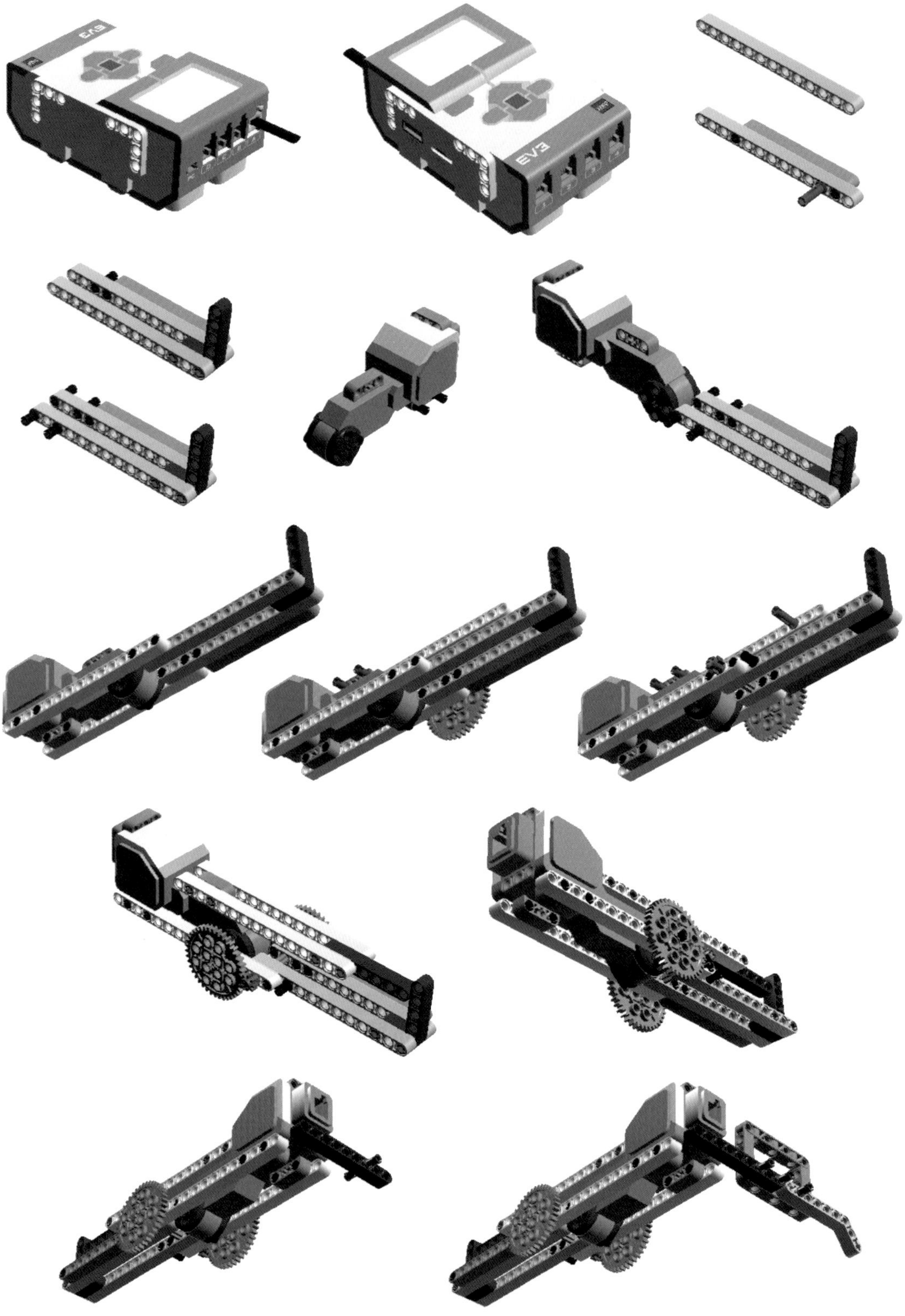

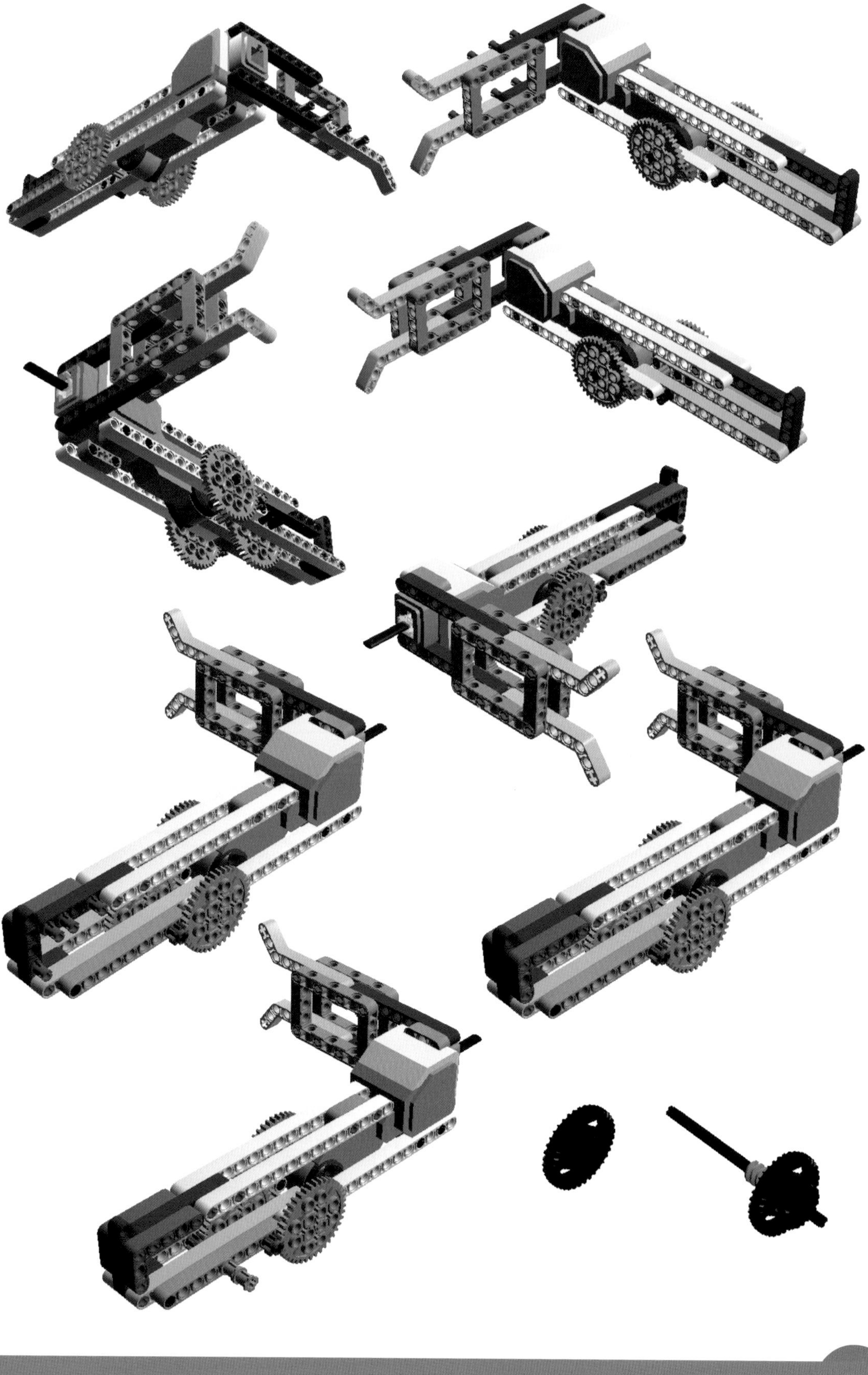

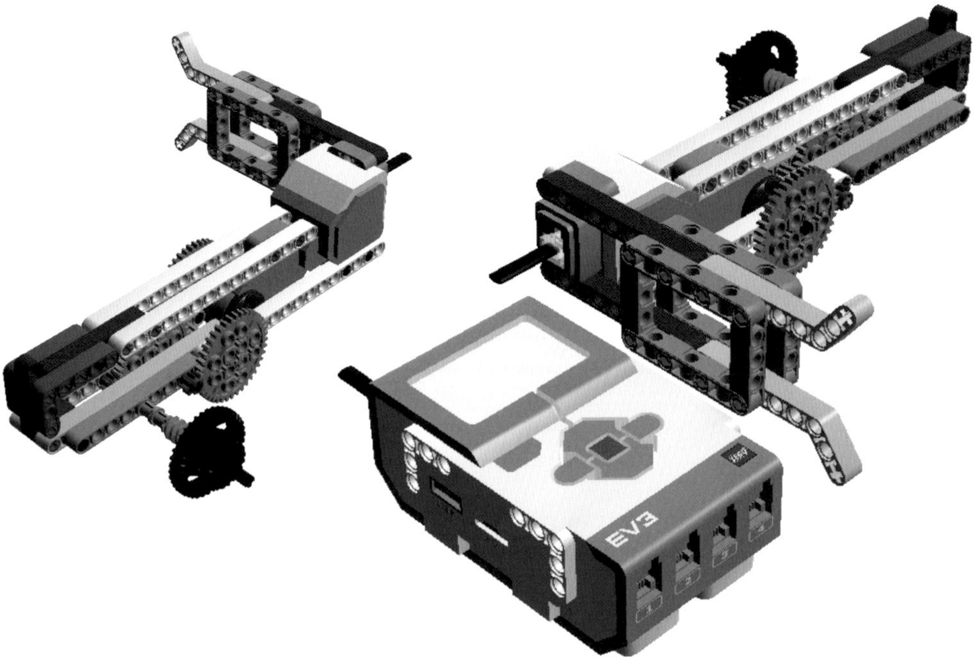

“你看，我们做好了，你拿住把手并把陀螺贴在桌子上，然后启动 EV3，当陀螺转动到速度最快的时候，我们抬起发射器发射陀螺，这样陀螺就能自己转起来了。”克里斯爸爸说道。

创意想象

小克里斯按照爸爸教的方法试了一下，陀螺果然转了起来，但是不到一分钟，陀螺就停了下来。

“爸爸，为什么陀螺这么快就停下来了啊？”
原因“你自己想一下，看看能不能想出原因来。”

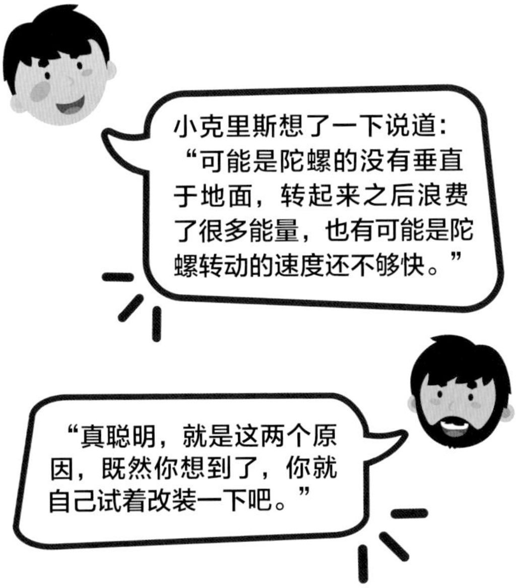

小克里斯想了一下说道：“可能是陀螺的没有垂直于地面，转起来之后浪费了很多能量，也有可能是陀螺转动的速度还不够快。”
“真聪明，就是这两个原因，既然你想到了，你就自己试着改装一下吧。”

小朋友们，快来尝试着改装一下你的陀螺发射器吧！

神奇的回力车

克里斯爸爸　小克里斯

今天，小克里斯拿着皮筋弹射纸飞机玩，可是纸飞机都飞得不远，于是他问道："爸爸，为什么我的纸飞机总是飞不远啊？"

"因为你的力气太小了，皮筋拉得不够长，所以纸飞机飞不了那么远。"

"这样啊，那看来我玩不了这个了。"

"别灰心，我可以给你做个别的玩具。"

"什么玩具啊？"

"你刚刚是用皮筋把纸飞机弹射出去，那你能用皮筋把小车弹射出去吗？"

"好像更不容易做到。"

"今天就让我教你做一辆神奇的四力车吧。"

"好啊，那我们赶紧进屋吧。"说着他便拉着爸爸往屋子里走。

到了屋里，小克里斯马上拿出了零件箱。

新知识：弹性势能与动能的转换

克里斯爸爸："这个设备因为使用皮筋作为动力，所以我们今天就不用电机了。在做之前，我要给你讲一下弹性势能与动能之间的转换。"

动能是运动的物体具备的能量，由于运动是一种相对的状态，所以任何物体都具有动能。弹性势能是弹性物体发生弹性形变的时候所具有的能量。生活中能产生弹性形变的物体有很多，比如弹簧、皮筋、硬塑料等，它们能产生多大的弹性形变取决于它们自身的性质和结构。今天要用到的就是皮筋。

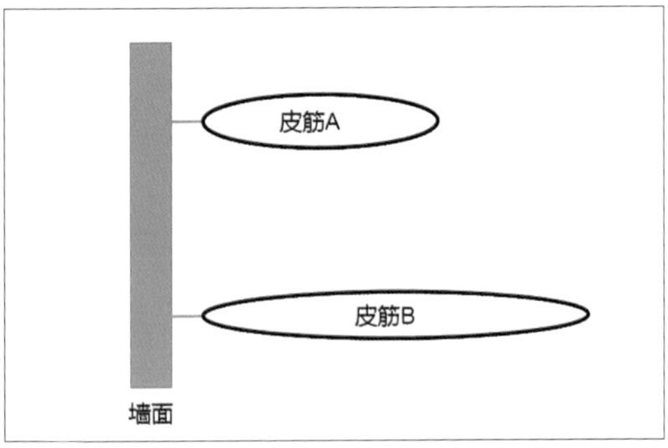

从上图中，我们可以看出皮筋 A 与皮筋 B 被固定在了墙上，我们用力向右拉伸皮筋 A 与皮筋 B，皮筋 A 的伸长量小于皮筋 B 的伸长量，所以皮筋 A 所具有的弹性势能小于皮筋 B 所具有的弹性势能。

我们把纸飞机放在皮筋的一端并拉伸皮筋，在拉长后松手，纸飞机被弹了出去，同时皮筋收复到原来的长度，这样皮筋的弹性势能就转换成了纸飞机的动能。

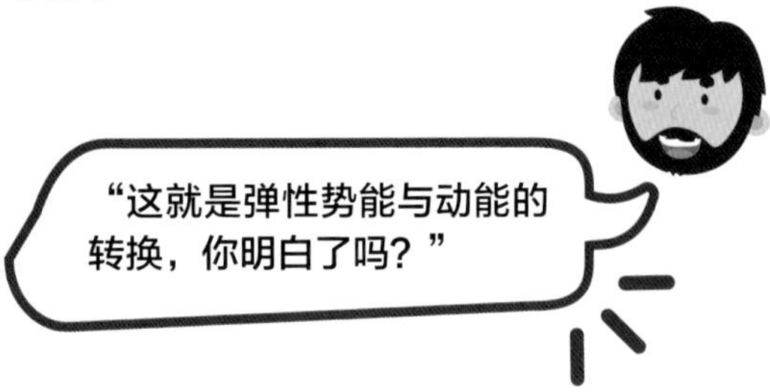

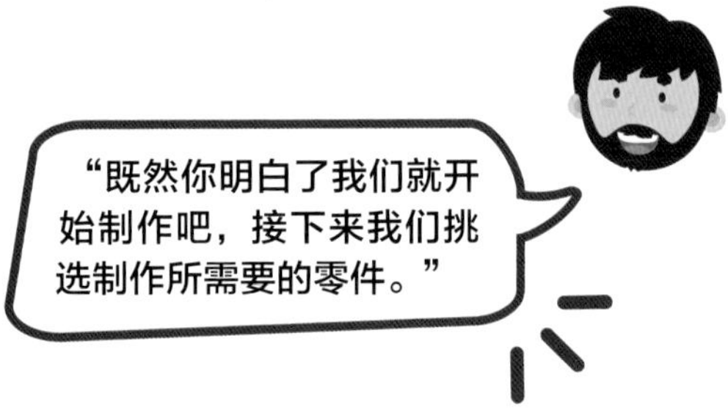

搭建步骤

01

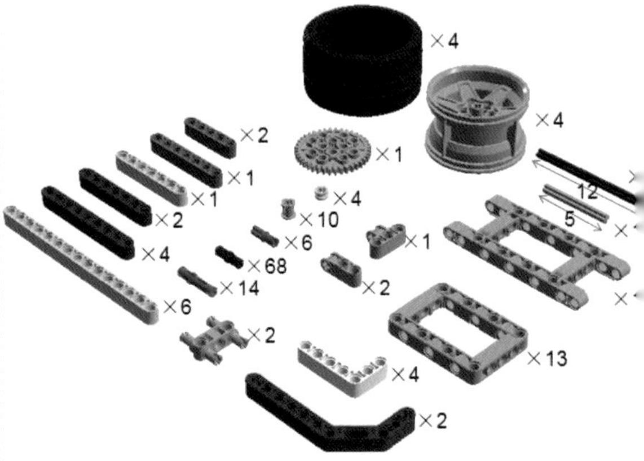

02

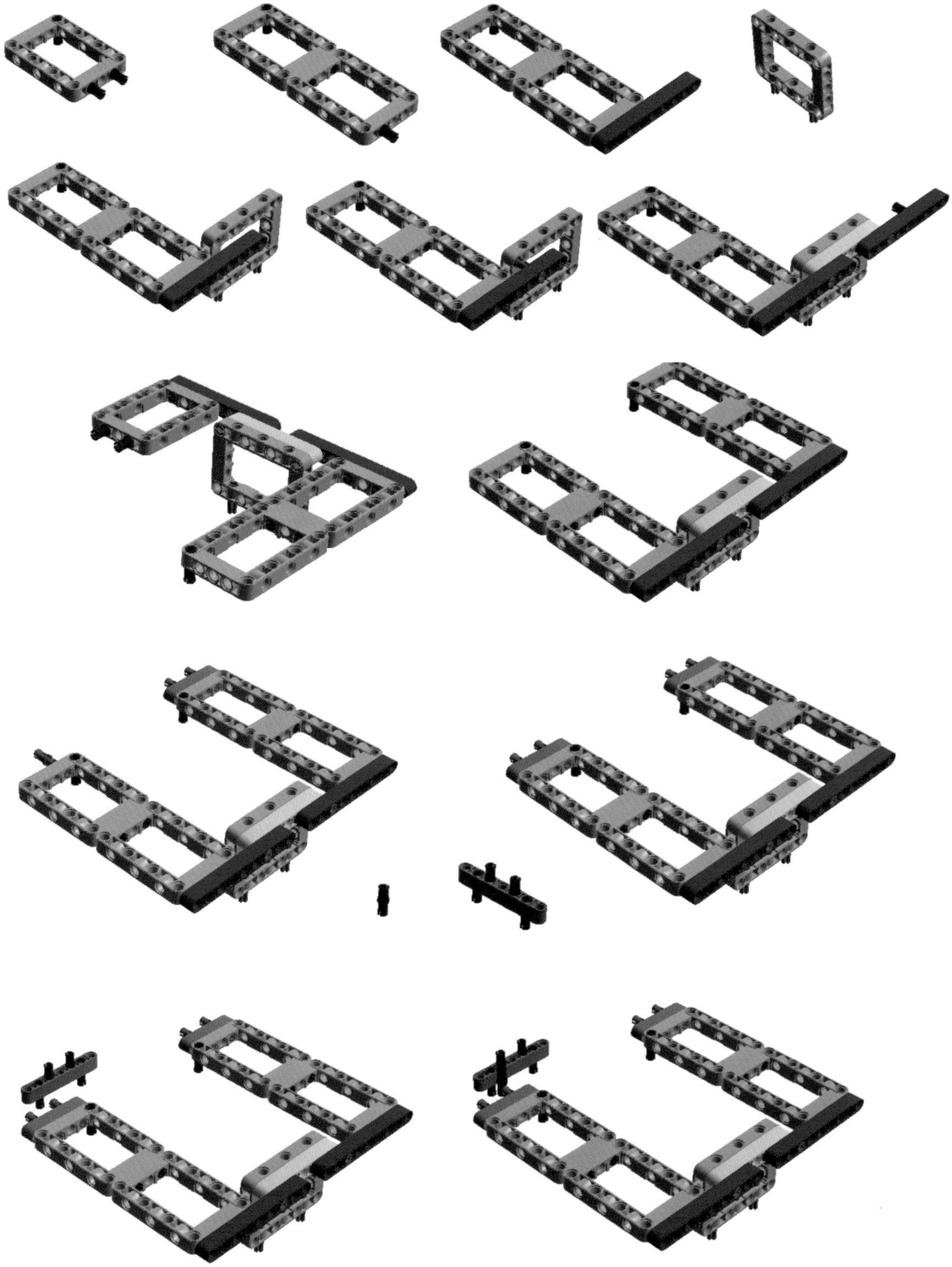

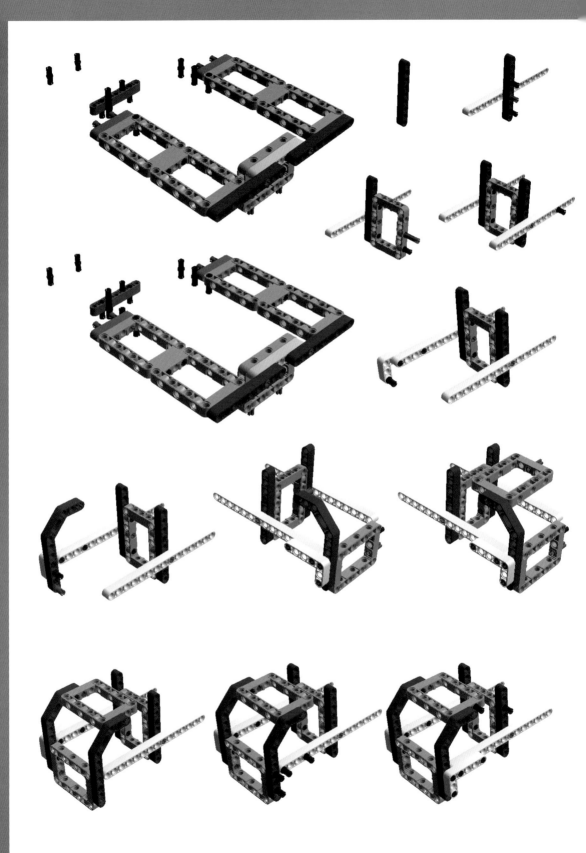

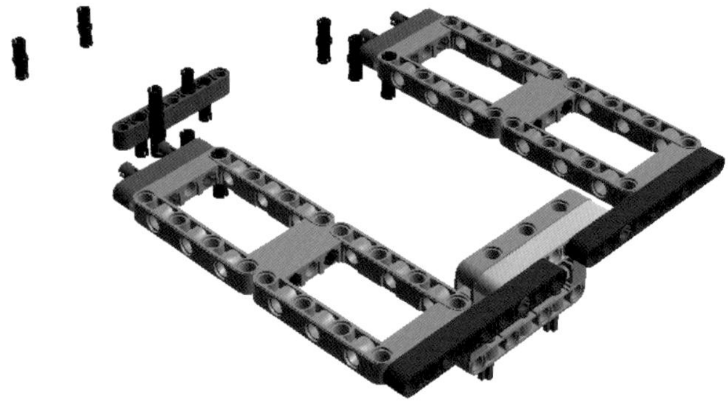

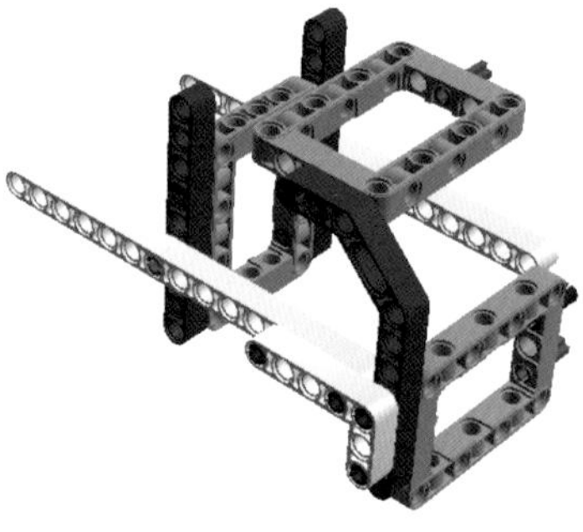

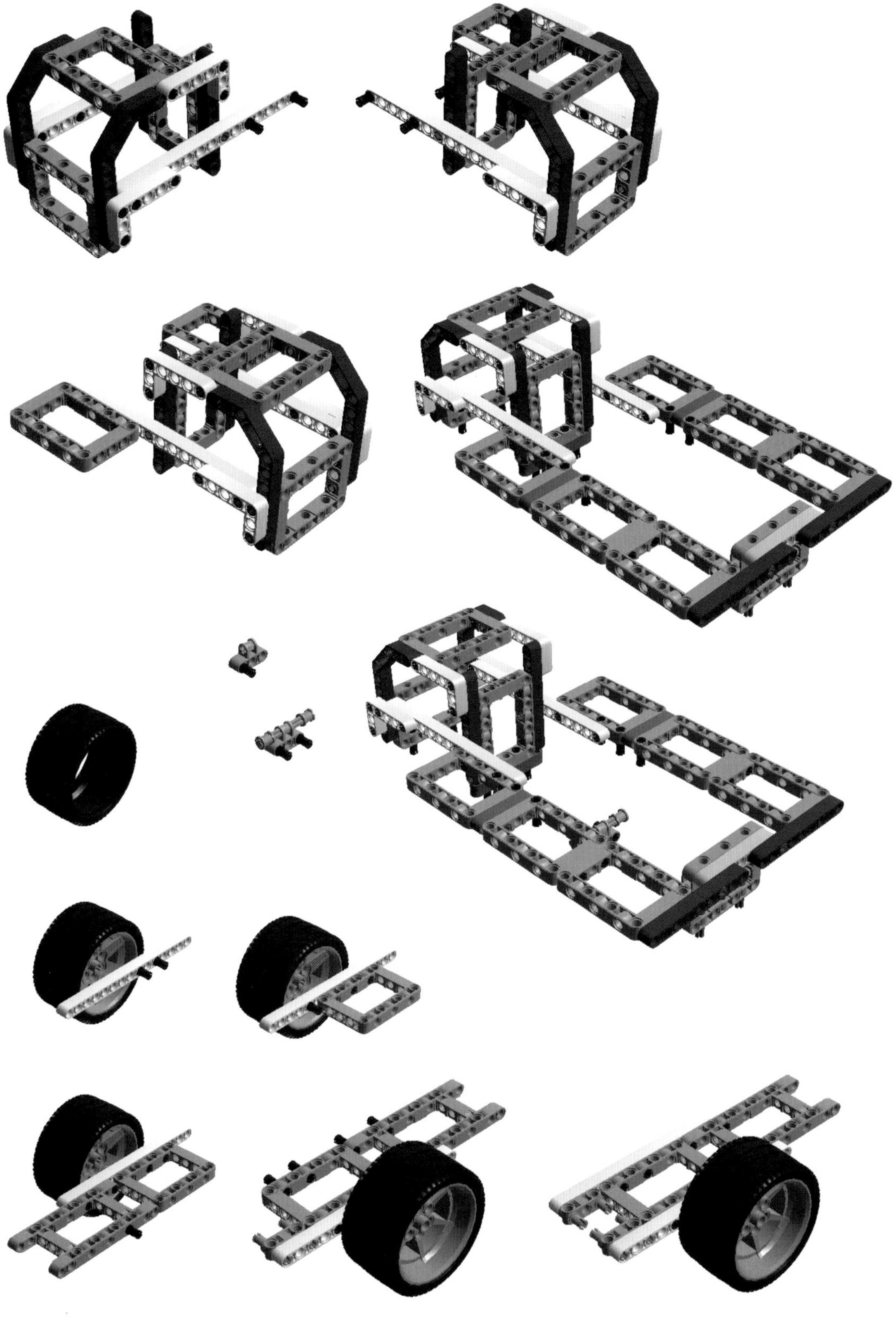

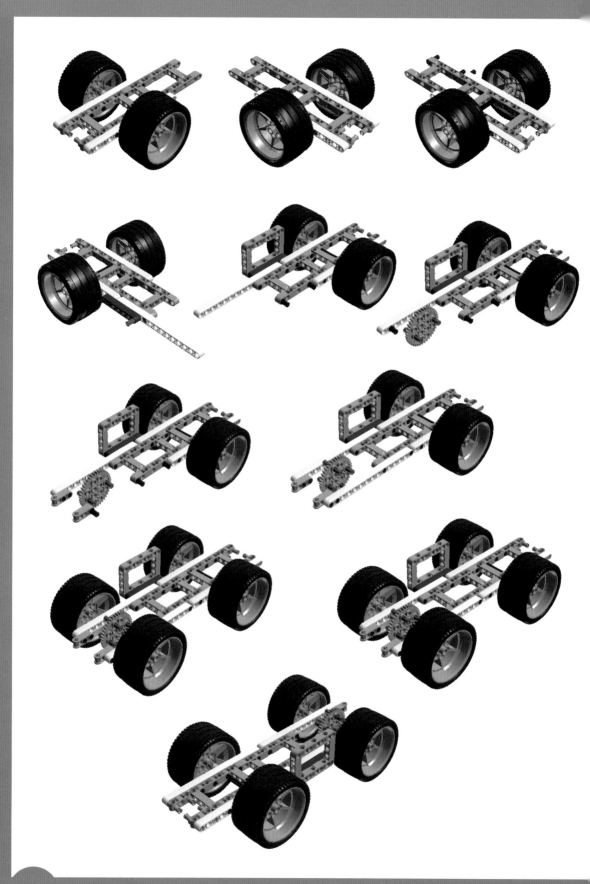

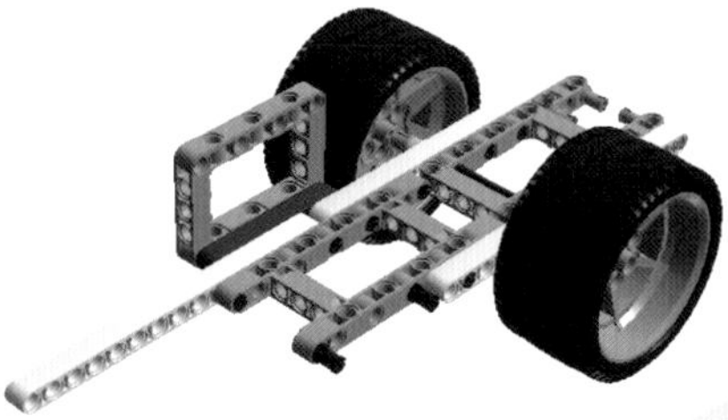
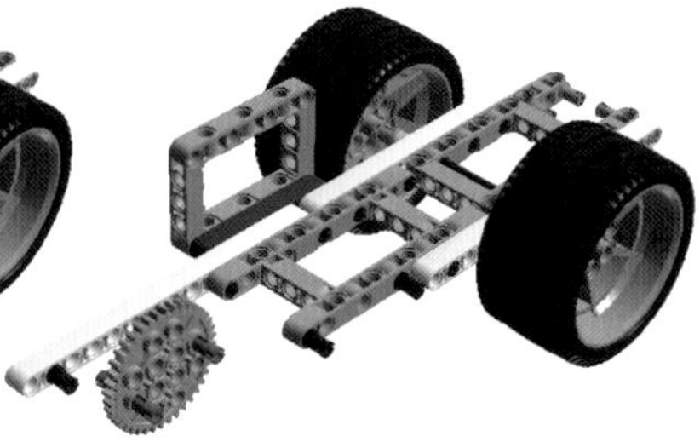
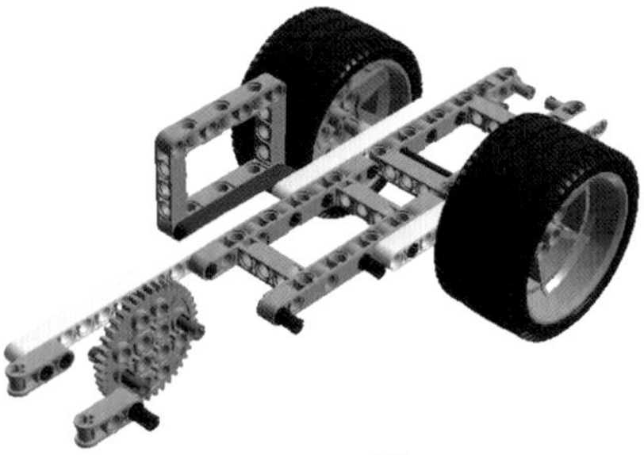
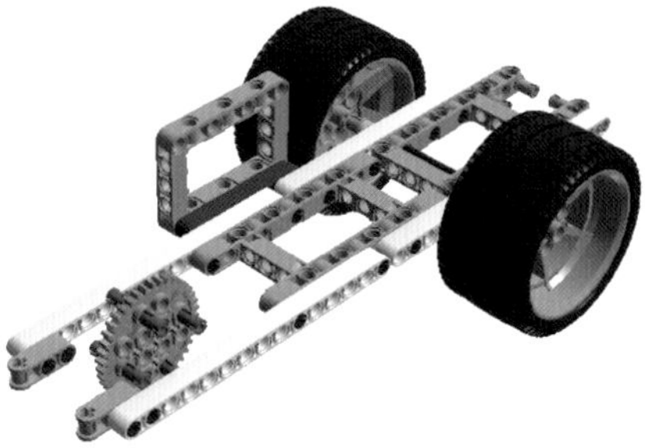

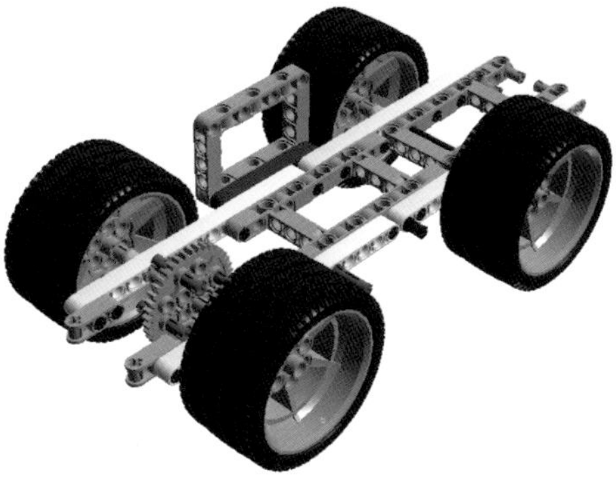

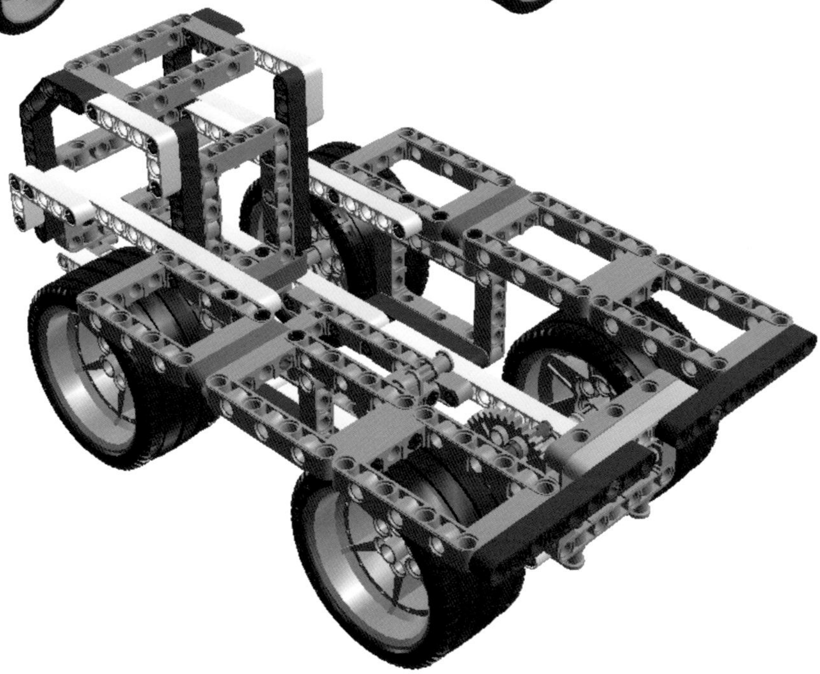

“你看，回力小车就做好了，让我们把皮筋的一头挂在前轮与后轮中间的轴上，另一头挂在后轮的齿轮上，然后向后滑动后轮，多滑动几圈再松手，小车就能发射出去了。你试试看吧！”克里斯爸爸说。

创意想象

小克里斯尝试了一下，小车飞快地跑了出去。

“爸爸你看，小车果然跑出去了。”

“对，就是这样操作的。那你知道怎么能让小车跑得更远吗？”

小克里斯想了一下说道：“可以增加一些皮筋，这样弹性势能就更大了。”

“对，还有别的办法吗？”

“想不出来了，还有什么办法啊？”

“你看，由于齿轮太小，一开始转动时部分皮筋没有完全被拉伸，这要怎么解决呢？”

“我可以把齿轮加大一些，这样就能够让皮筋充分拉伸了，对吗？”

“真聪明，下面你就尝试进行改装吧。”

机械大力士

克里斯爸爸　　小·克里斯

在一个阳光和煦的下午，克里斯爸爸正在电脑前工作。这时，响起了一阵嘈杂的机器声，小克里斯飞快地跑了进来，拉着爸爸的袖子往门外走去，边走还边说：“爸爸，外面来了一个大家伙，可厉害了，你看它在干什么啊？”

来到屋子外面，克里斯爸爸一看，原来是隔壁的汤姆家正在盖房子，小克里斯说的是正在吊取重物的起重机。于是克里斯爸爸对小克里斯说：“这是隔壁的汤姆叔叔家正在盖房子呢，你说的那个大家伙叫起重机，你看，它正在把建筑材料吊起来送过去呢。”

小克里斯一脸恍然大悟的样子，点头道：“原来这就是起重机啊，它的力气好大啊！”

“那是当然，它可是机器中的大力士呢，它可以吊起很重的物体呢。”

“它为什么有这么大的力气呢？”

克里斯爸爸挠了挠脑袋，心想：怎么才能给他解释清楚呢？突然，他灵光一现，对克里斯说：“这样吧，咱们回去，我教你用乐高积木做一台起重机，怎么样？”

小克里斯兴奋地跳起来说：“太好了，那咱们赶紧回去做吧，爸爸。”于是飞快地拉着爸爸向屋子里跑去。

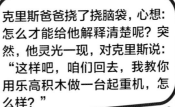

克里斯爸爸指着电脑上的图片说道：“你看，这就是蜗轮 - 蜗杆结构。当你转动蜗杆的时候，蜗杆就能带动旁边的蜗轮一起转动，反过来，却不能使用蜗轮带动蜗杆转动，这就是蜗轮 - 蜗杆的**力的单向传导特性**。利用这个性质，就能避免太重的重物被吊起后，蜗轮承受不了重物的重量而反方向转动，使重物坠落。”

“那么，爸爸，它哪里来的那么大的力气呢？难道是用了力量很大的电机吗？”

克里斯爸爸摸着小克里斯的头说：“当然不是，要是那样的话，得需要多大力量的电机啊。它力气大的原因和蜗轮 - 蜗杆的机械特点——减速、省力有关。在转动蜗杆的时候你会发现，你转动一圈蜗杆，旁边的蜗轮才转动一个齿。因此，蜗轮的转动速度就比蜗杆的转动速度慢了，这样就形成了一个减速齿轮组，减速齿轮组的机械特点就是：速度减慢，但是力量会增大。”

“原来是这样啊，那您赶紧教我如何制作吧！”

克里斯爸爸笑着对小克里斯说：“既然你这么着急，我就先带你去挑选零件吧！”

搭建步骤

01

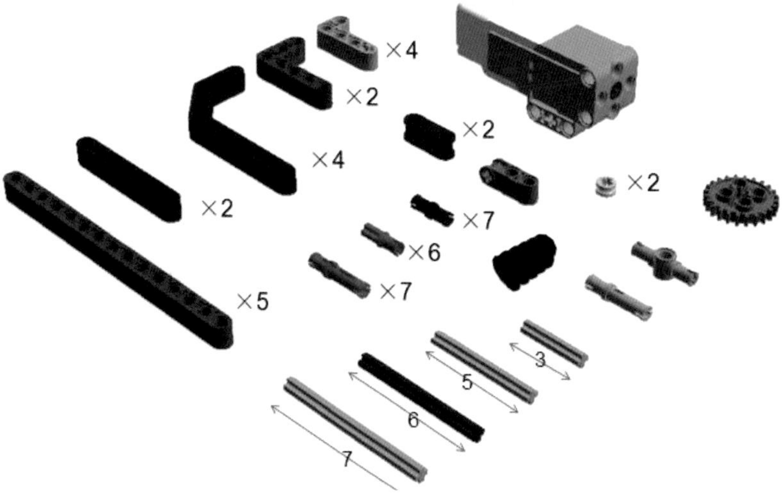

02

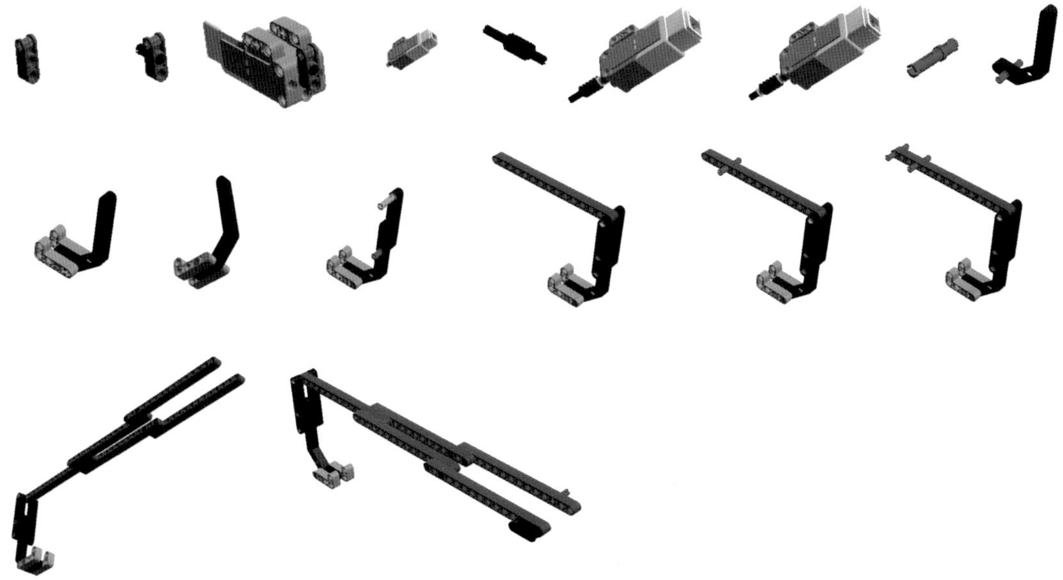

03

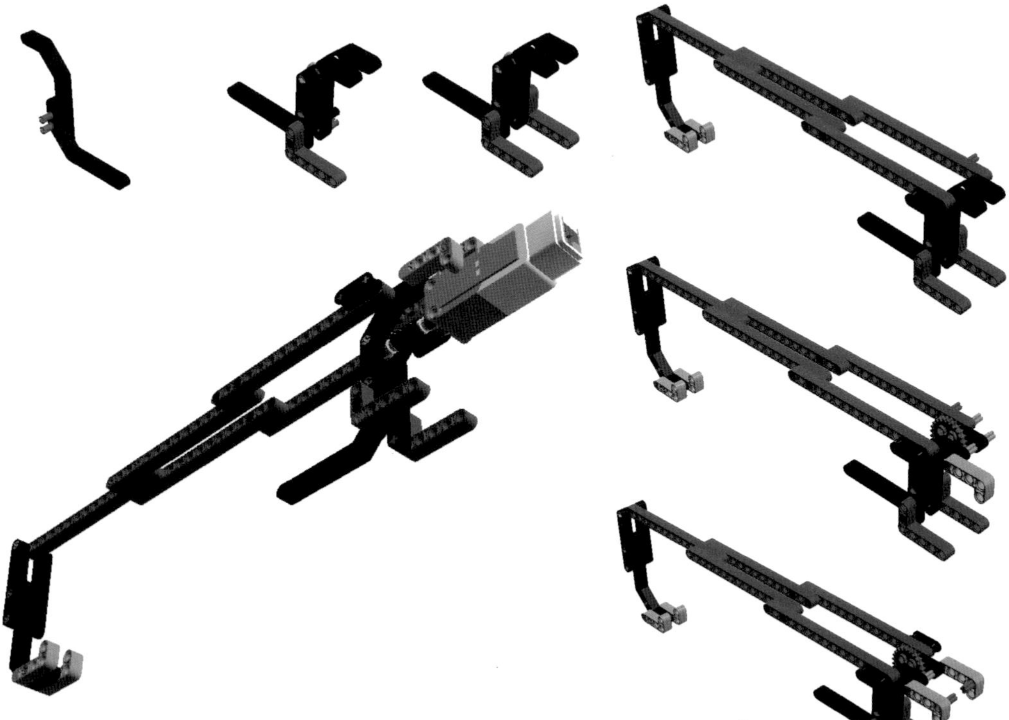

这样，起重机就做好了。使用 EV3 驱动电机就可以启动起重机了，赶快去试一下吧！

创意想象

“你看，这样起重机就做好了。”
“爸爸太棒了，我也可以变成大力士了。”
克里斯爸爸微笑着说：“我的克里斯太棒了，那你赶紧去试试怎么做吧！”

“克里斯，今天爸爸教你了蜗轮–蜗杆的机械结构，你也知道了它具备的特点，那么你还能想到这个结构可以应用在什么地方吗？”
小克里斯跳起来说：“我可以把这个结构改装成千斤顶，当汽车需要换轮胎的时候，我们可以用它把汽车抬起来，您觉得怎么样？”

小朋友们，你们和小克里斯一样聪明，你们也来做一个千斤顶吧！

克里斯爸爸　小·克里斯

救援之手

“滴……呜……滴……呜……滴……呜……”一串急促的警笛声打破了早晨的宁静。小克里斯从床上爬了起来，一脸没睡醒的样子。他心里想着：什么声音这么吵？我还想在周末睡个懒觉呢。他揉着眼睛走到窗边，打开窗户探头望去，瞬间就睁大了眼睛，他看到隔壁爱丽丝家里冒起了浓烟，从窗户看进去还能看到火已经着起来了，消防车停在房子外面，消防队员正利用车上的云梯从二楼把爱丽丝抱出来。

小克里斯马上去叫醒了爸爸，当他们回到窗边的时候，爱丽丝一家人已经被消防员救出来了。看到爱丽丝一家人平安无事，小克里斯摸着胸口说：“爸爸，消防车好厉害啊，它能把梯子变长，要是没有它，爱丽丝就出不来了。”

克里斯爸爸抱着小克里斯说：“这就是科技的力量啊，它能把人搬不动的东西拿起来，能把人送到自身够不到的地方。消防车的云梯就像是一只救援之手，能把消防员送到很高的地方，帮助消防员救更多的人。”

“爸爸，这个周末你就教我做这个云梯吧，我觉得它好厉害。”

“好啊，那今天就教你做这个，但是你要先去洗脸、吃早饭，也让爸爸想一下如何用乐高零件来做云梯。”

“那您先想吧，我赶紧吃饭去了。”说完，小克里斯飞快地跑了出去。

小克里斯吃完早饭之后抱着自己的乐高积木盒子跑到爸爸的房间里对爸爸说：“爸爸，你想好了吗？咱们可以开始了吗？”

坐在电脑前的克里斯爸爸转过身对小克里斯说：“好了，可以了，但是在制作之前我来跟你说一下关于这个结构的知识。”

小克里斯放下乐高积木盒子就跑了过来。

新知识：C形升降

克里斯爸爸指着电脑上的图片说道：“这就是 C 形升降结构。你看，它的整体结构像不像一个 C？当你向左转动齿轮 1 的时候，2 号齿轮向右转动，那 1 号连杆为什么会向上转动呢？”

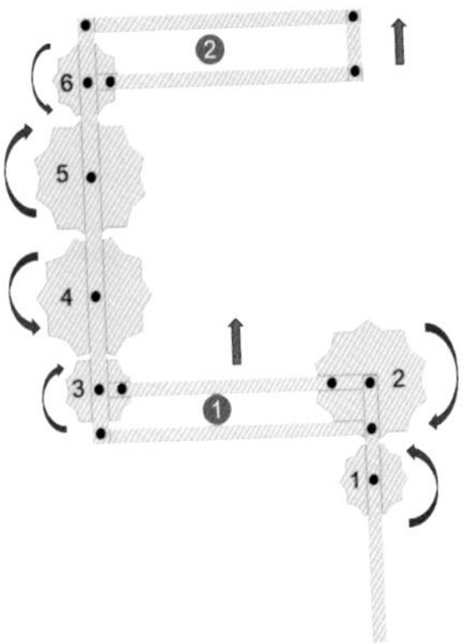

小克里斯挠着脑袋想了想说：“爸爸，是不是因为 1 号连杆上面与 2 号齿轮固定了两个点啊，这样它是不是就随着齿轮转动了？”

克里斯爸爸开心地笑了笑说：“真聪明，就是这样，两个点就能固定一条直线的方向了，这样 2 号齿轮就通过 1 号连杆把力量传递给了 3 号齿轮，使 3 号齿轮转动后就可以带动后面的齿轮和连杆运动了。”

克里斯爸爸指着齿轮说道：“同样地，我们还要注意 3 号齿轮和 6 号齿轮之间的齿轮个数，你想一下，如果 3 号齿轮和 6 号齿轮之间的齿轮是单数的话，2 号连杆会怎么动呢？”

小克里斯看着图片思考了一下说：“要是这样的话，2 号连杆就要向下转动了”。

“对的，就是这样，所以在制作之前一定要想好这个问题。你再看这里，1 号连杆结构里面的两个连杆有什么特点啊？”

“它们是平行的。”

“对的，这就叫平行四边形结构，它的对边始终保持平行，两根竖着的梁就能一直保持竖直了，这样我们的结构就能直上直下地运行了。你看看你还能找到什么结构呢？”

“爸爸，1 号和 2 号齿轮组成的是不是减速齿轮组啊？”

“太对了，当把 1 号齿轮当成驱动齿轮的时候，它们组成的就是减速齿轮组，那我们为什么要用减速齿轮组呢？”

“因为要把结构和人升起的话需要很大力气，减速齿轮组能够省力，同时人在上面的时候还不能升降得太快，要不人就该掉下来了，所以要使用减速齿轮组降低速度。我说得对吗，爸爸？”

“我的儿子真是太聪明了，既然你学会了，咱们就开始制作吧！”

搭建步骤

01

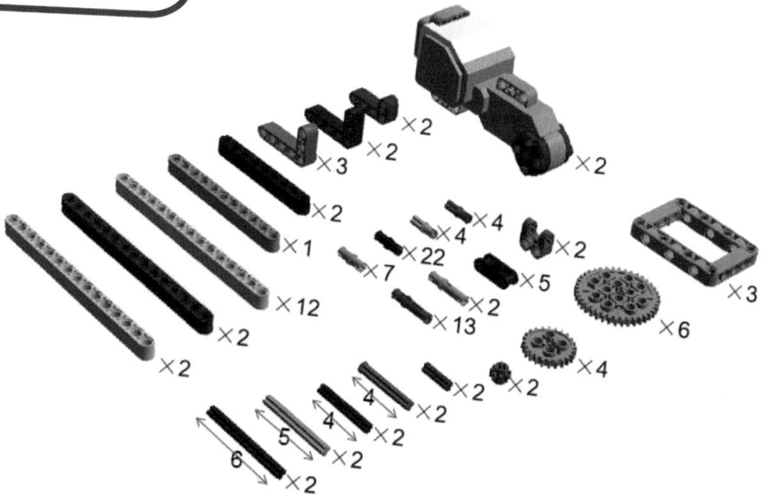

02

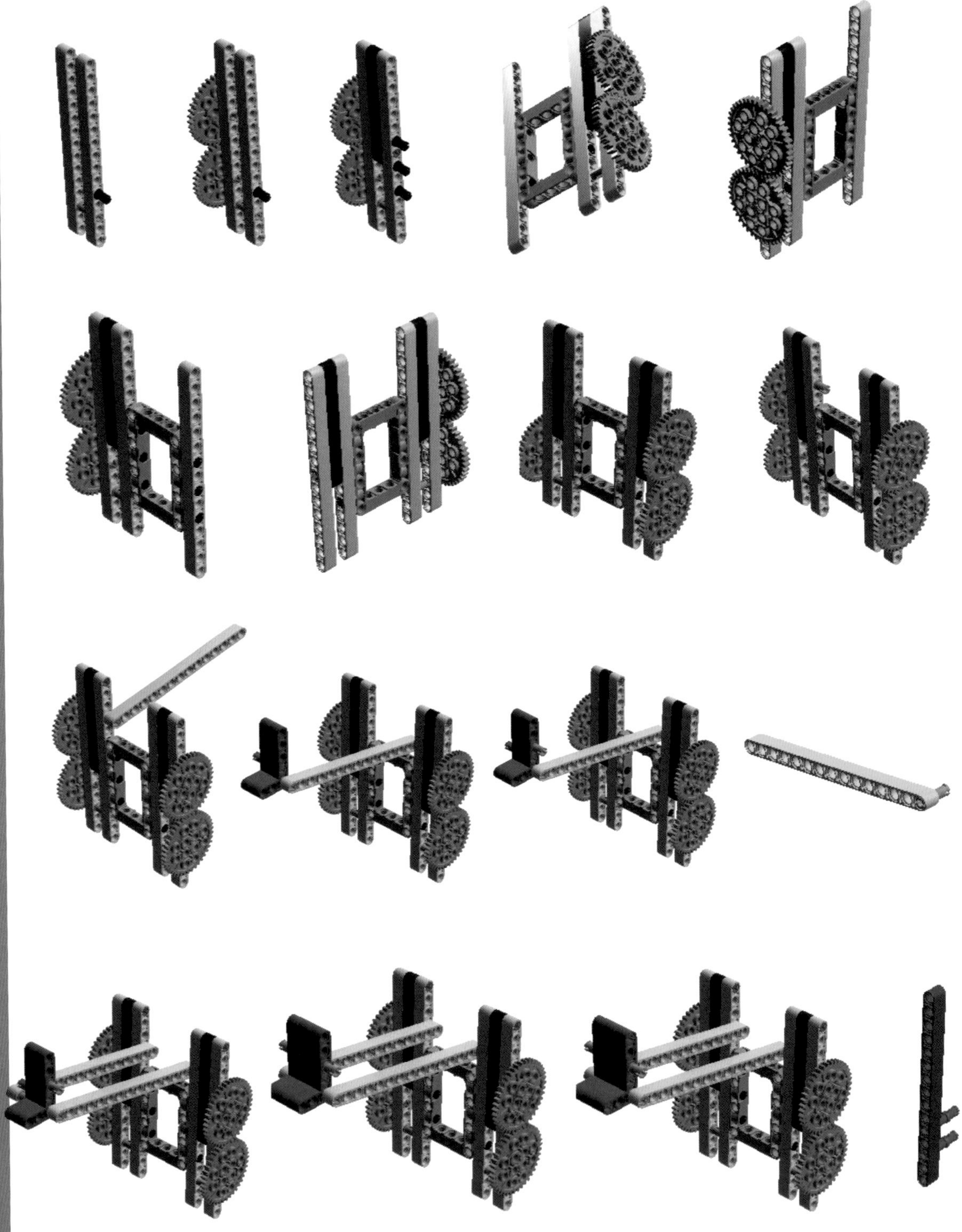

03

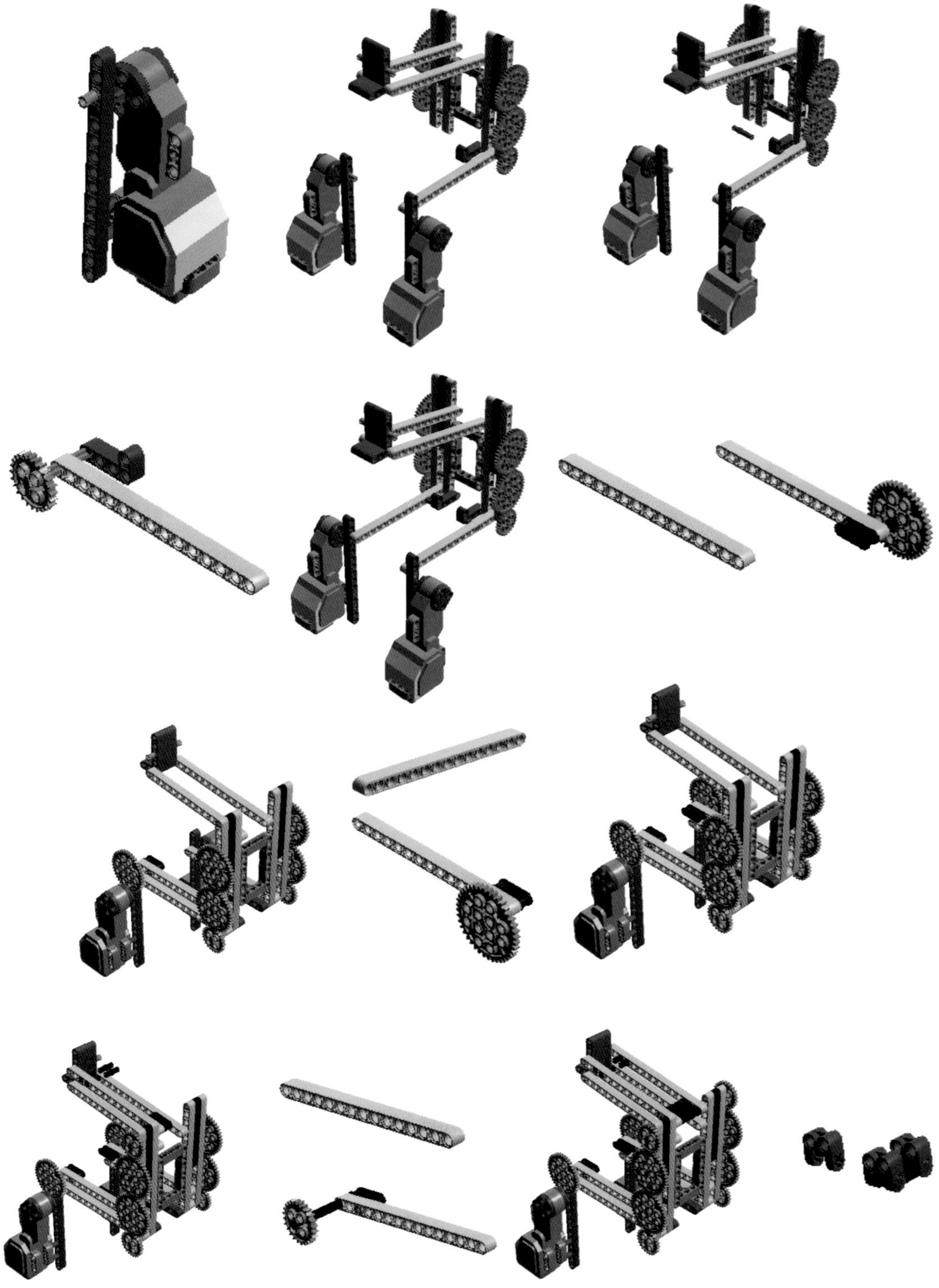

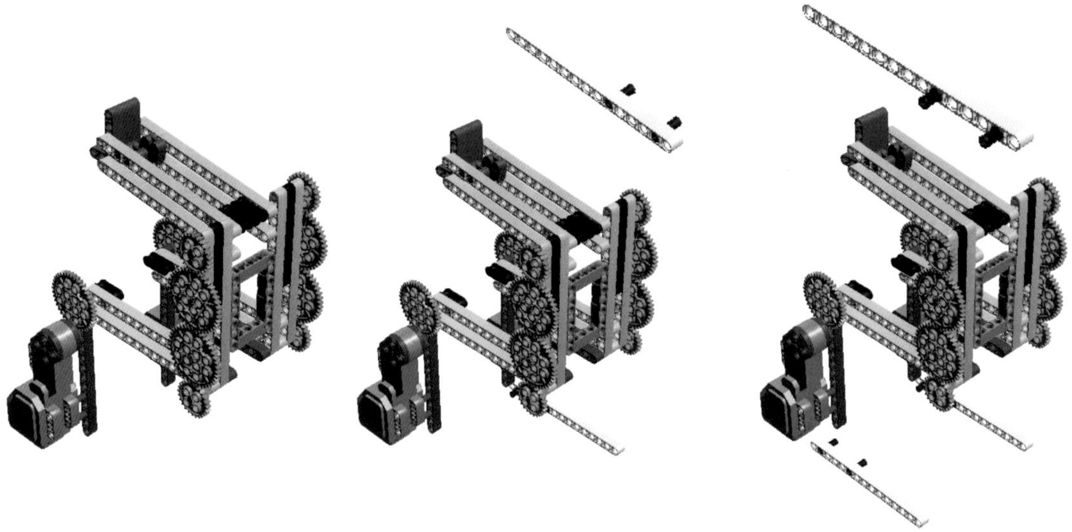

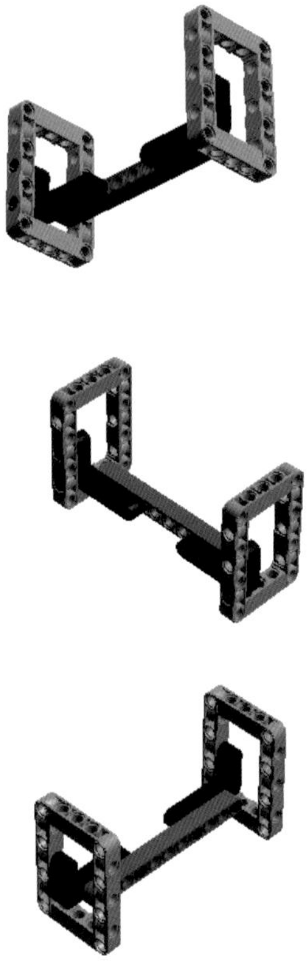

这样我们的“救援之手”就做好啦，下面就赶快使用 EV3 驱动电机让它动起来吧！

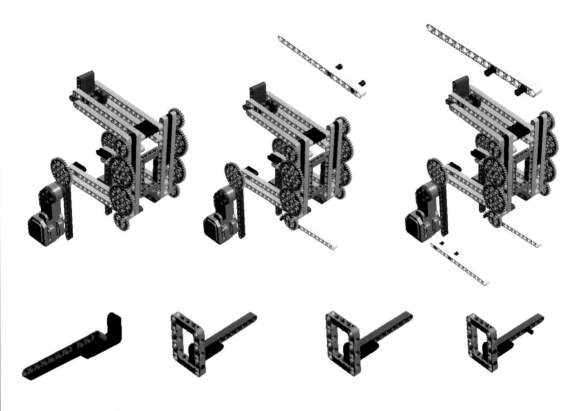

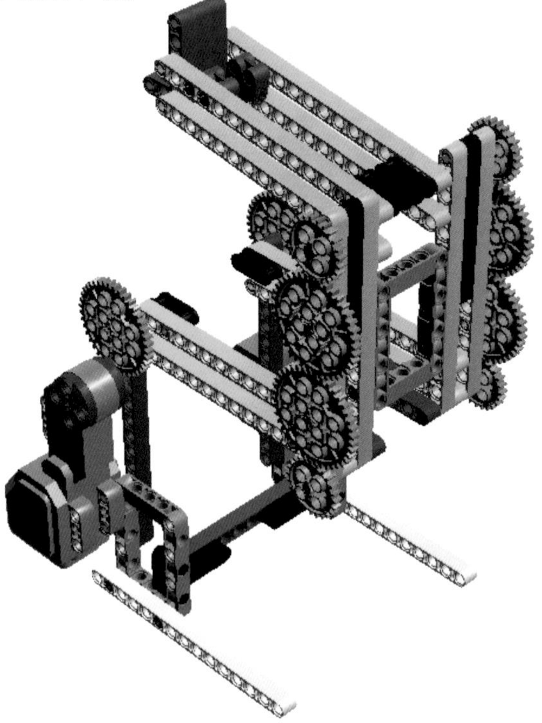

创意想象

“你看，我们连上 EV3 之后就可以让救援之手动起来了，这样就能把玩具小人送到高处了。”

“这个结构真是太棒了，可以把玩具举得那么高。”

“克里斯，今天这个伸缩结构有很多地方可以用，你想一下它还可以用来干什么？”

小克里斯想了一下说：“可以在盖房子的时候用，可以在清理墙壁的时候用，以在楼房外面挂牌子的时候用……”

“太对了，但是有时候我们做的结构伸不到那么高的地方，该怎么办呢？”

“那我们就要对结构进行修改，让它能伸得更高。”

“对，就是这样，那么下面你就试试怎么修改这个结构，让它伸得更高吧！”

小朋友们，你们有什么好办法吗？一起来试试吧！

超能投篮手

今天，克里斯爸爸带着小克里斯去看了斯文堡白兔队和巴肯熊队的篮球比赛，小克里斯非常喜欢斯文堡白兔队，而且今天斯文堡白兔队大获全胜，小克里斯一直到家都特别激动。

“真的吗爸爸，你太厉害了！”

“那你要答应我一个要求，怎么样？”

“爸爸你说吧，我一定答应你。”

“你以后在学习方面也要向斯文堡白兔队的球员一样努力，怎么样，你答应吗？”

“没问题，我答应您。”

“那好，我们就这样约定了，你先去洗手准备东西去吧。”

小克里斯高兴得跳了起来，飞快地跑开了。

新知识：凸轮结构

小克里斯把自己心爱的乐高积木盒子抱了过来，对爸爸说：“爸爸，我们开始吧。”

克里斯爸爸拿起了几个零件做了一个模型，对克里斯说：“克里斯你看，这就是凸轮结构。”

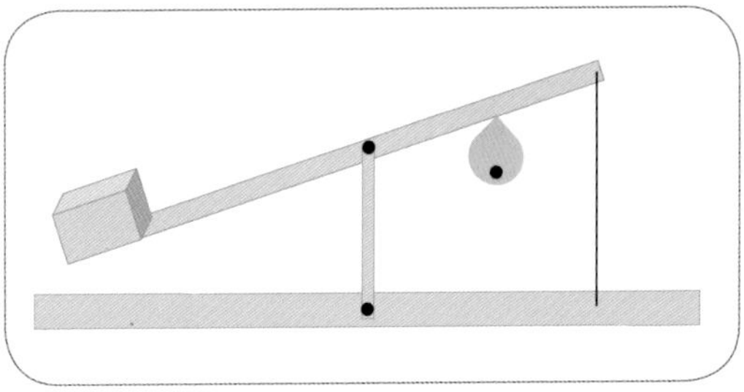

黄色的水滴状的就是凸轮，它右侧的是皮筋，用来给投篮手臂提供动力。当凸轮围绕着转动点转动的时候，投篮手臂的右侧就会上下运动。当投篮手臂右侧向上运动的时候，皮筋就会被拉伸；当凸轮转下来的时候，投篮手臂右侧就会被皮筋向下拉下来，这样左侧的篮筐就会向上运动，把球投出去了。

“这么厉害啊，那咱们赶紧开始做吧。”

“现在还不行，你看如果我把皮筋和凸轮去掉，这个模型像什么？”

小克里斯看了一会儿说道：“像跷跷板。”

克里斯爸爸笑道：“对，就是跷跷板，这个结构叫作杠杆结构，杠杆上有一个支点，杠杆围绕着支点转动，当你给杠杆左侧一个向下的力量的时候，杠杆的右侧就会上来。同样，如果杠杆右侧受到向下的力量更大的时候，杠杆的左侧就会上来，就像你和别的小朋友一起玩跷跷板一样，你们两个总是一个人在上、一个人在下。”

“这就是杠杆啊，那‘给我一个支点，我就能撬起整个地球’是不是用的就是杠杆啊？”

“没错，这句话说的就是杠杆，这句话是古希腊科学家阿基米德的名言。好啦，知识就说到这里了，说太多你该记不住了，我们开始做吧！”

“耶，我们开始吧！”

“这些就是我们要使用的小零件。”克里斯爸爸把零件挑选了出来。

搭建步骤

01

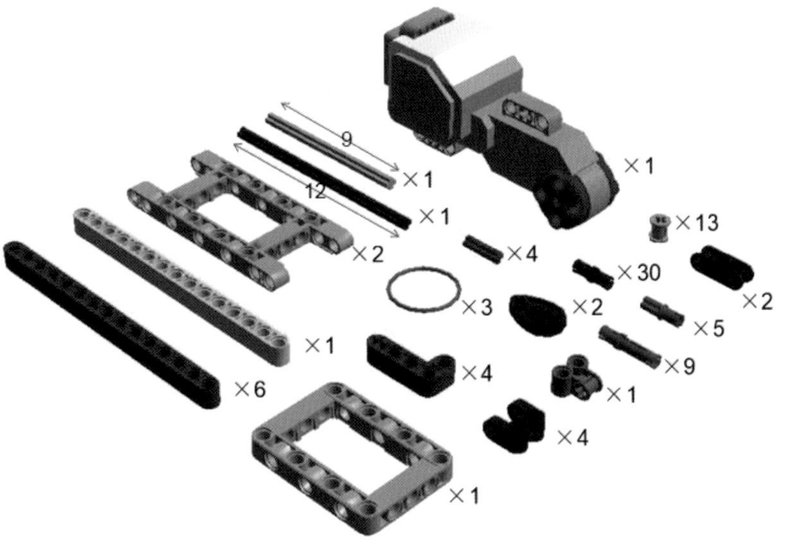

02

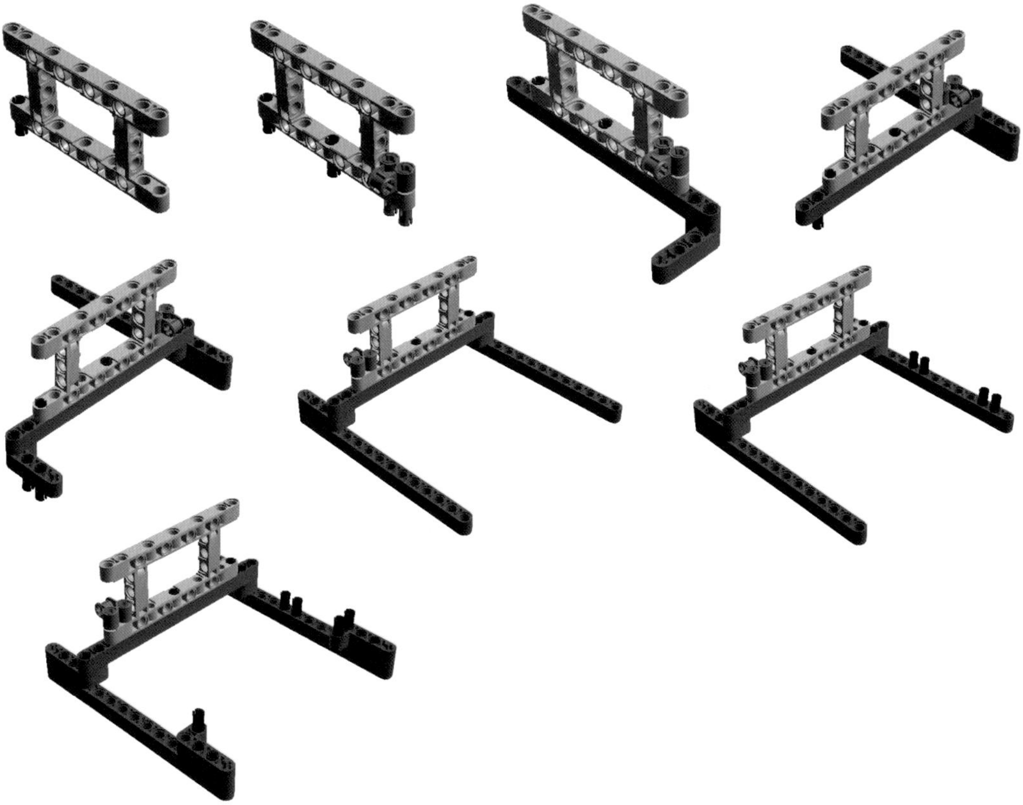

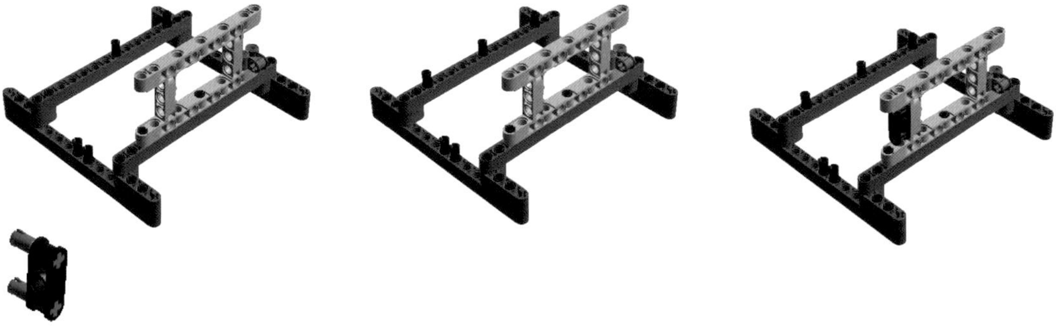

03

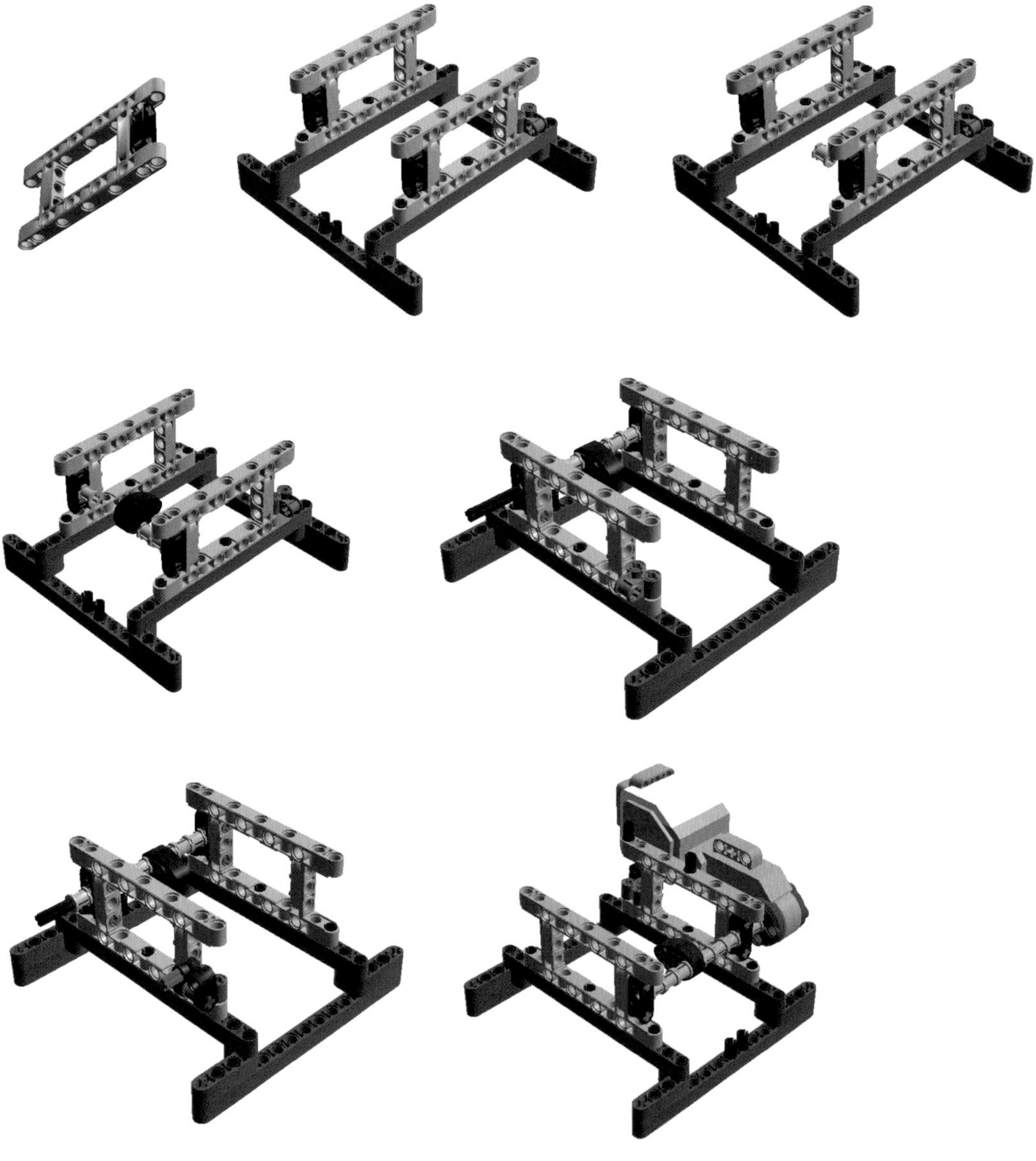

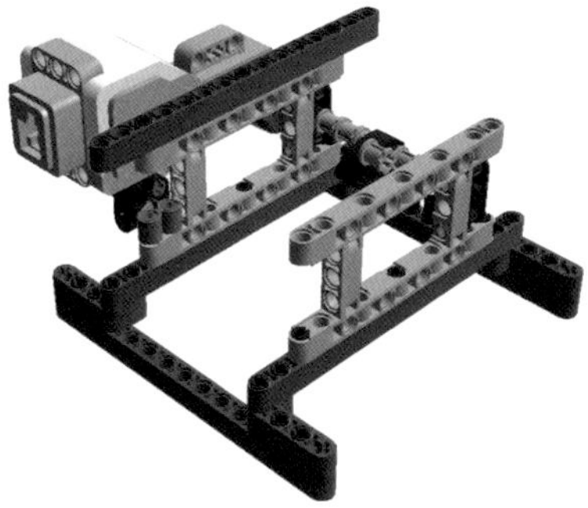
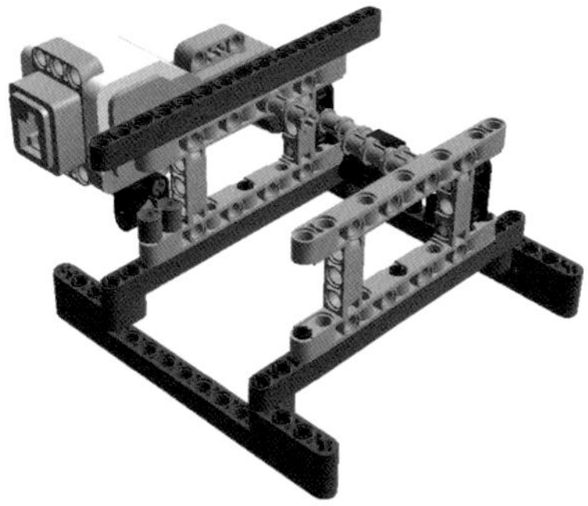
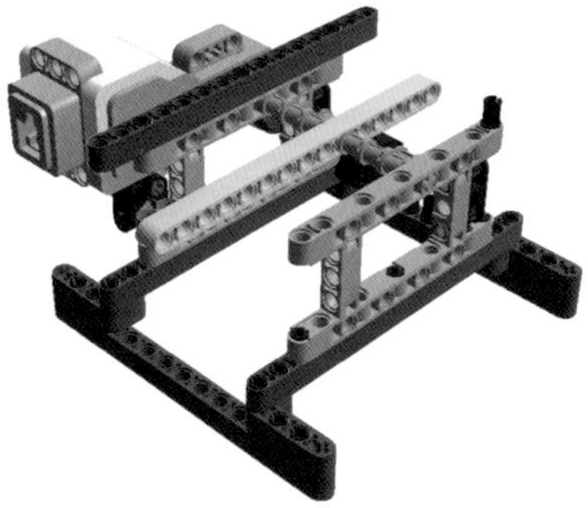
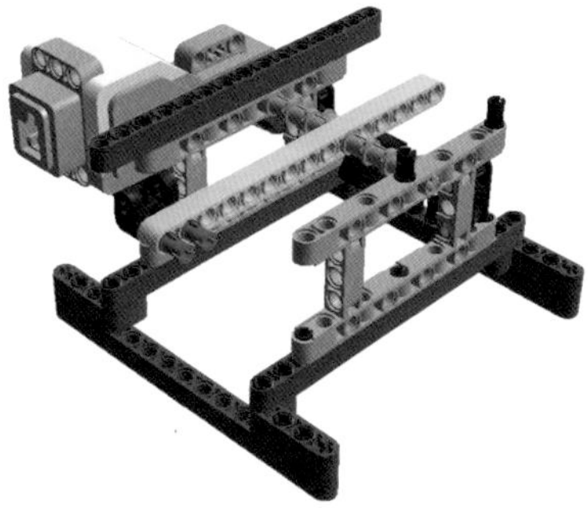
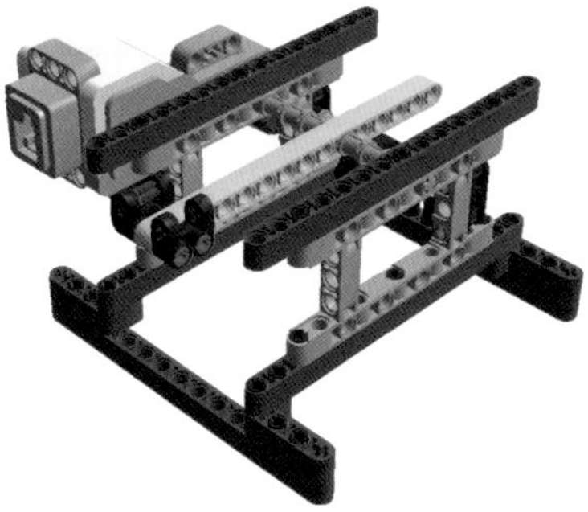
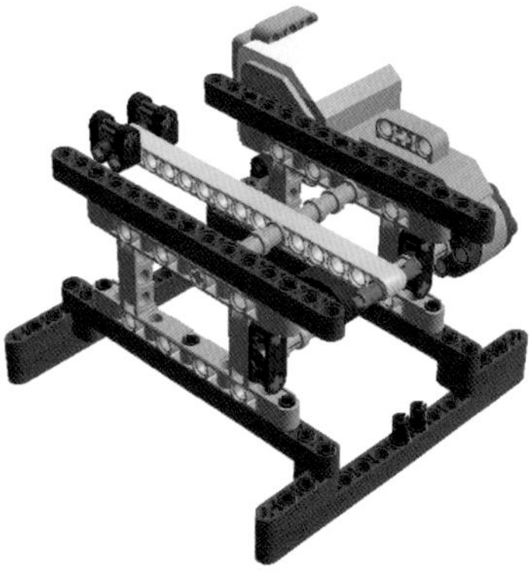

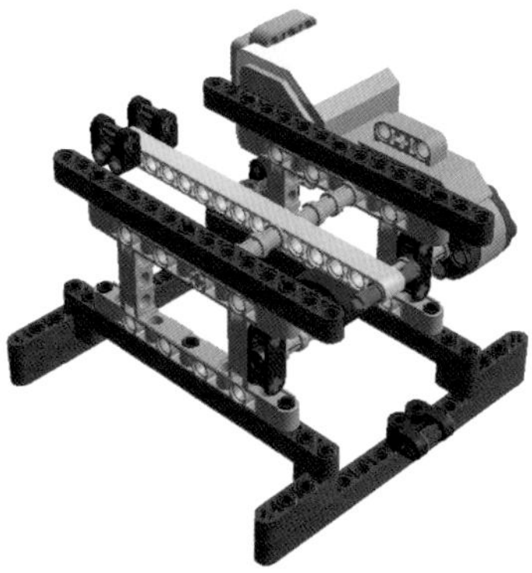

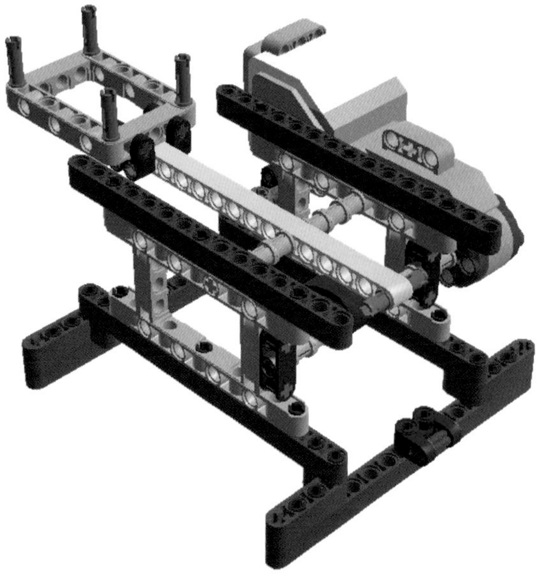

“下面我们把 3 根皮筋从右下侧横梁上的零件孔中穿过去，另一端挂在杠杆尾部蓝色三节销上就完成啦，在篮筐里放上一个球，连上你的 EV3 来试一下吧！”克里斯爸爸揉了揉肩膀说道。

创意想象

小克里斯马上连接上了EV3，使用电机控制模块让结构动了起来。小克里斯激动地说道：“爸爸、爸爸你看，球被发射出去了。但是还能让球投得远一点吗？”

克里斯爸爸对小克里斯说：“小克里斯，你想一下，在这个结构中，什么东西在提供动力啊？”

小克里斯想了一下说道：“是皮筋，是皮筋的伸缩在提供动力。”

“对，就是皮筋，那你想一下，怎么才能让球投得更远呢？”

小克里斯拍着手说：“爸爸，那我是不是多加几根皮筋就行了啊？”

“那你自己就试验一下你的想法吧，试验过才知道是否可行。”

小朋友们，让我们来一起试一下这个办法吧，看看谁能把球投得更远。除此之外还有没有其他的办法呢？开动脑筋想一下吧！

可怕的蝎子

"啊啊啊……"这个周末清晨的宁静，被小克里斯的一连串尖叫打破了。

克里斯爸爸飞快地跑上二层来到了小克里斯的房间，手里还拿着一只棒球棍，问道："小克里斯！怎么了？发生了什么事？"

小克里斯缩在床脚带着哭声指着床上说："爸爸，这里有一只蝎子！"

克里斯爸爸顺着小克里斯指的方向看去，真的有一只蝎子，而且个头还不小，有成人半个手掌大小，难怪小克里斯会吓一跳。于是克里斯爸爸找来了一个长长的夹子，夹住蝎子尾巴的尖端向门外走去。这时克里斯妈妈也跑了过来，正好到门口，看到那只蝎子，吓得也大喊了一声。克里斯爸爸笑着说："你怎么也吓一跳？别喊了，既然都已经醒了，快去做早饭吧。"

克里斯妈妈瞪了一眼克里斯爸爸，然后跑过去抱住小克里斯说道："儿子，怎么样？还害怕吗？"

小克里斯说道："没事了，妈妈。"

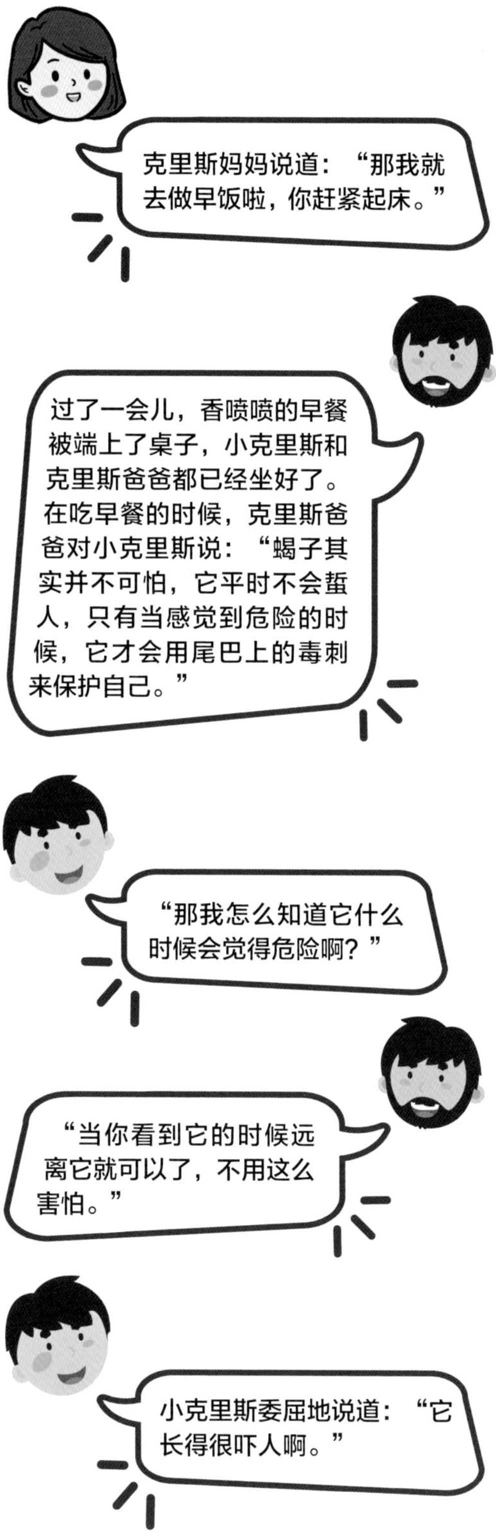

克里斯妈妈说道：“那我就去做早饭啦，你赶紧起床。”
过了一会儿，香喷喷的早餐被端上了桌子，小克里斯和克里斯爸爸都已经坐好了。在吃早餐的时候，克里斯爸爸对小克里斯说：“蝎子其实并不可怕，它平时不会蜇人，只有当感觉到危险的时候，它才会用尾巴上的毒刺来保护自己。”
“那我怎么知道它什么时候会觉得危险啊？”
“当你看到它的时候远离它就可以了，不用这么害怕。”
小克里斯委屈地说道：“它长得很吓人啊。”

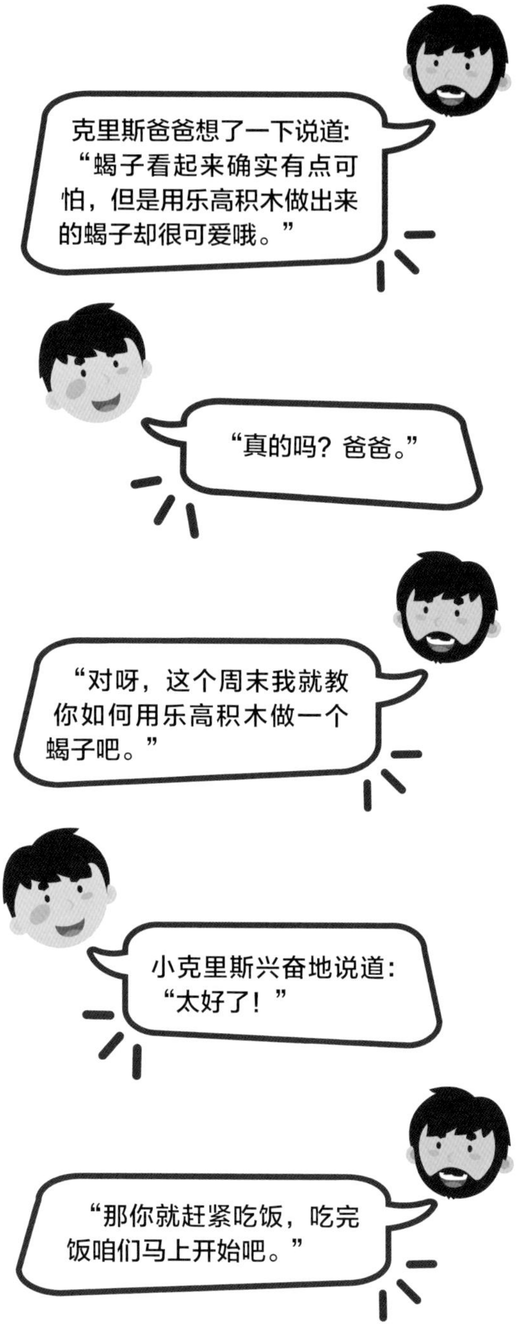

克里斯爸爸想了一下说道：“蝎子看起来确实有点可怕，但是用乐高积木做出来的蝎子却很可爱哦。”
“真的吗？爸爸。”
“对呀，这个周末我就教你如何用乐高积木做一个蝎子吧。”
小克里斯兴奋地说道：“太好了！”
“那你就赶紧吃饭，吃完饭咱们马上开始吧。”

小克里斯低下头开始吃饭。

新知识：交叉伸缩

吃完饭之后，小克里斯把自己的乐高积木拿了过来，这时克里斯爸爸已经打开了电脑，准备好了。

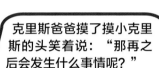

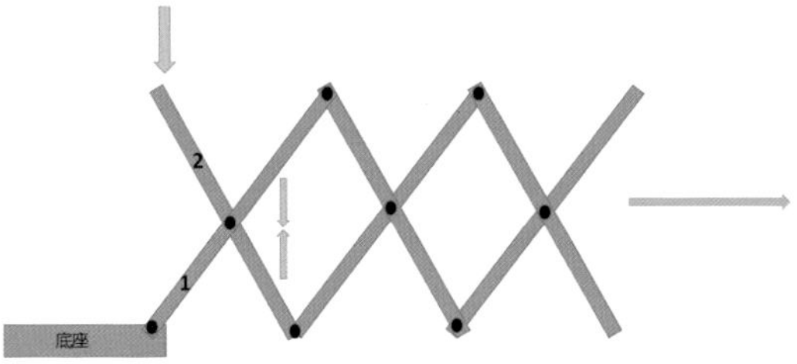

克里斯爸爸指着显示器屏幕上的图片说道：“我先教你如何做蝎子的尾巴。蝎子的尾巴可以向前伸出去，那么是用什么结构来完成这个动作呢？就是图片上的这个结构。我们把几根梁像图片上这样连接好，把1号梁固定在底座上。这时我们用力向下压2号梁，会发生什么呢？”

小克里斯指着显示器屏幕说：“1号梁和2号梁左端之间的距离会变短啊。”

“对，就是这样，那左端之间的距离变短之后呢？”

“因为1号梁和2号梁中间被固定在了一起，所以1号梁和2号梁右端也会随之运动，之间的距离也会变短。”

克里斯爸爸摸了摸小克里斯的头笑着说：“那再之后会发生什么事情呢？”

“1号梁和2号梁后面连接的梁也会随之运动起来，所有梁顶端之间的距离都会变短，这样整体的结构就向前伸长了，是这样吗，爸爸？”

克里斯爸爸拍手说道：“就是这样，当我们压下2号梁的左端时，会使整体结构向右水平伸长；当我们拉起2号梁的左端时，整体结构会向左缩回来。这就是我今天要告诉你的交叉伸缩结构。现在你看这个结构有什么特点吗？”

小克里斯摸了摸脑袋想了一下，说道：“这个结构是向左右水平伸缩的，我说得对吗？”

“说得太对了，你看，因为每两根梁的交叉点都在梁的中心点，这样两根梁的左右两端就分别在两条竖直的线上了，但是蝎子的尾巴是向前伸的吗？”

“不是，因为猎物是在蝎子前面的地上，所以蝎子的尾巴要向下伸过去。”

“真聪明，这样我们就要对这个结构进行一点修改了。如何修改呢？在我们做的过程中，我再告诉你吧！”

搭建步骤

01

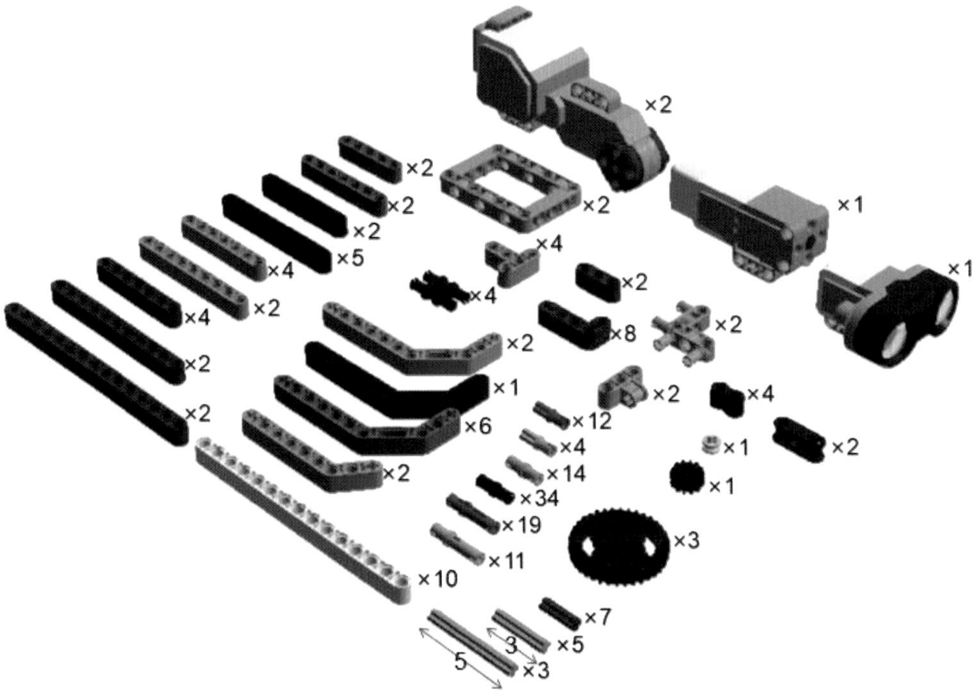

02

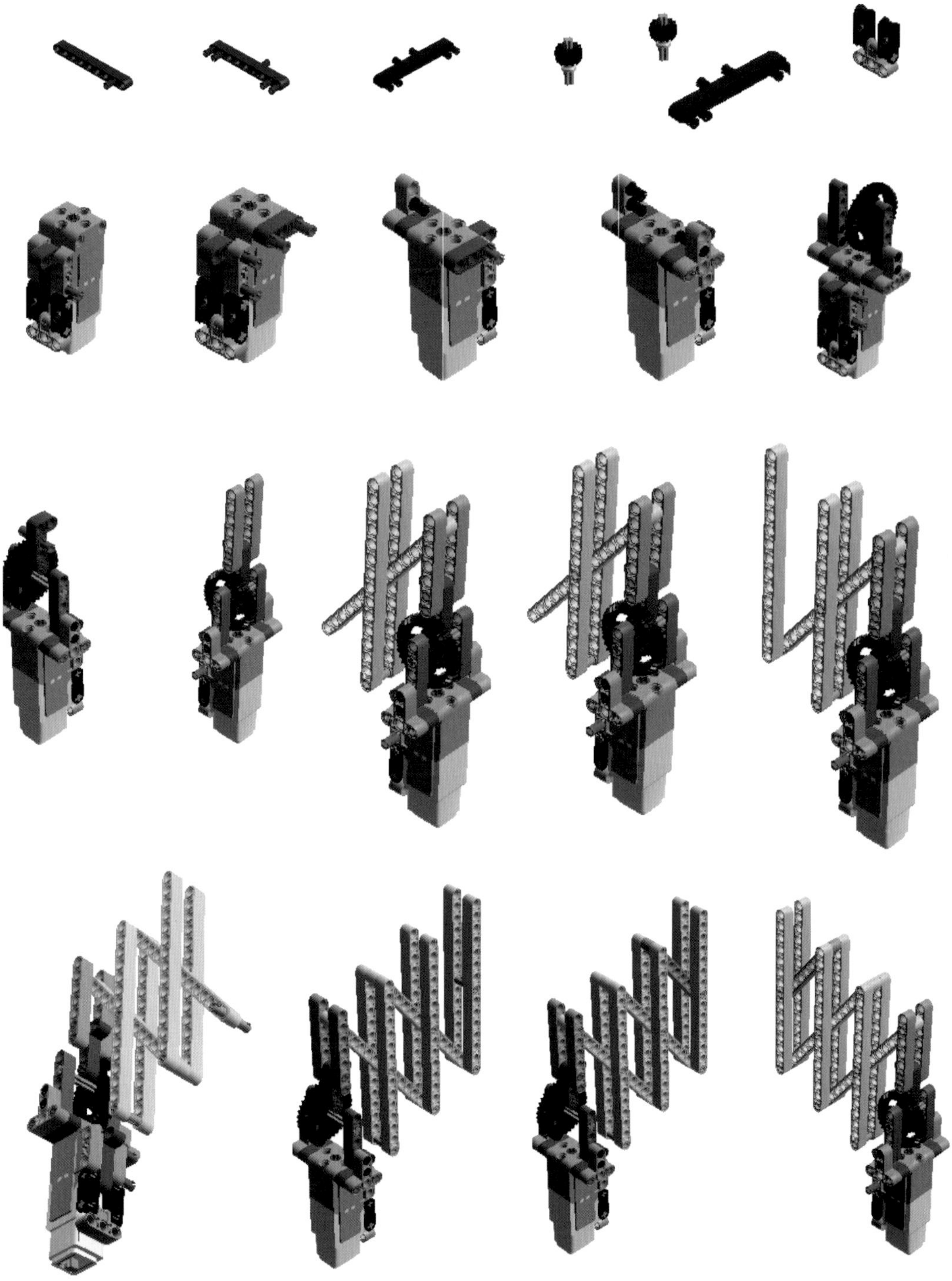

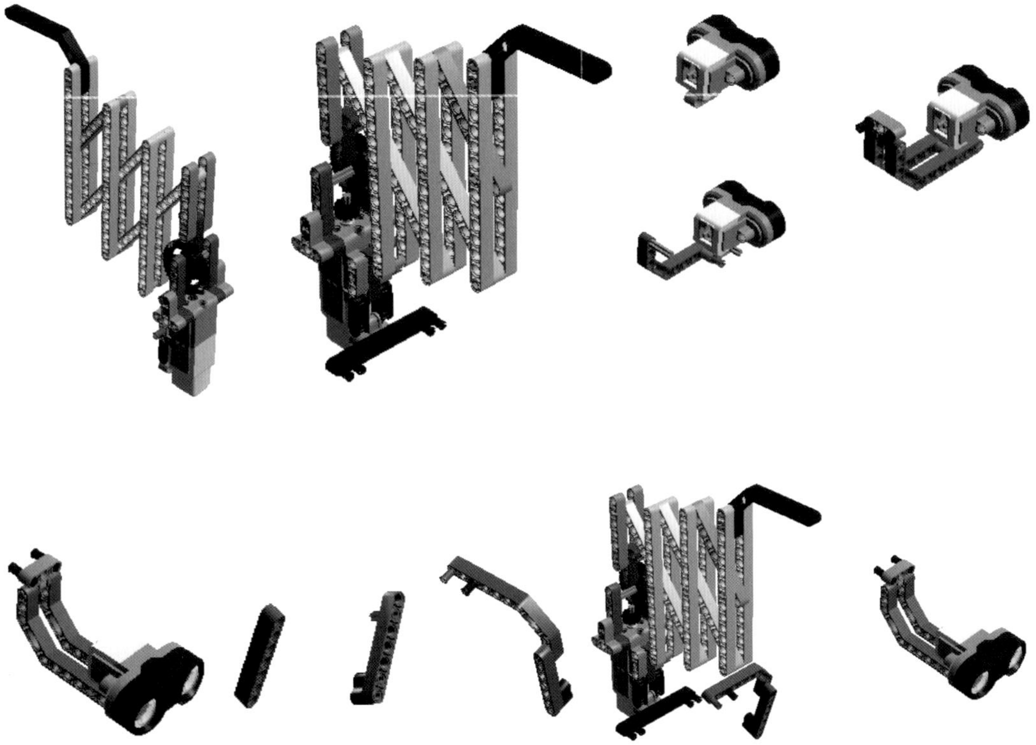

03

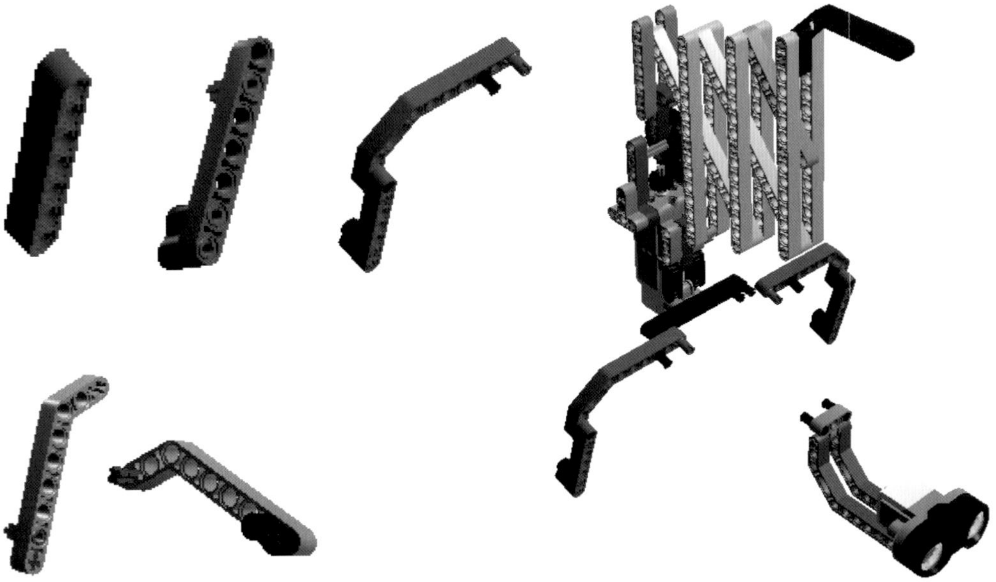

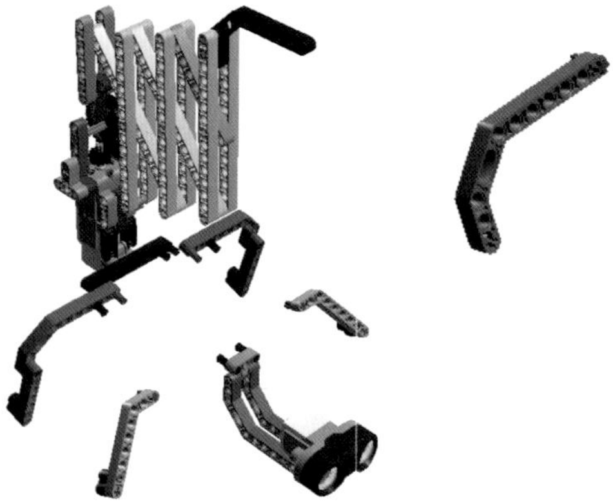
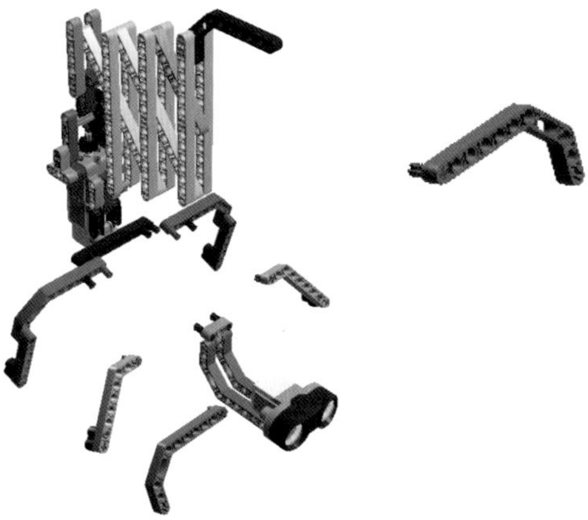
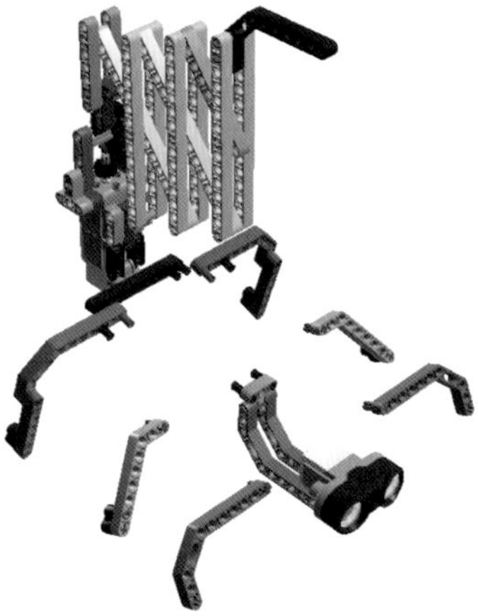
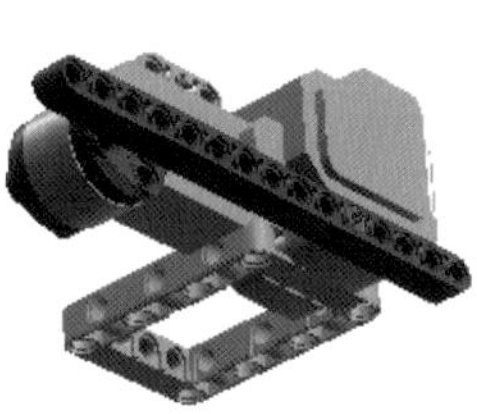

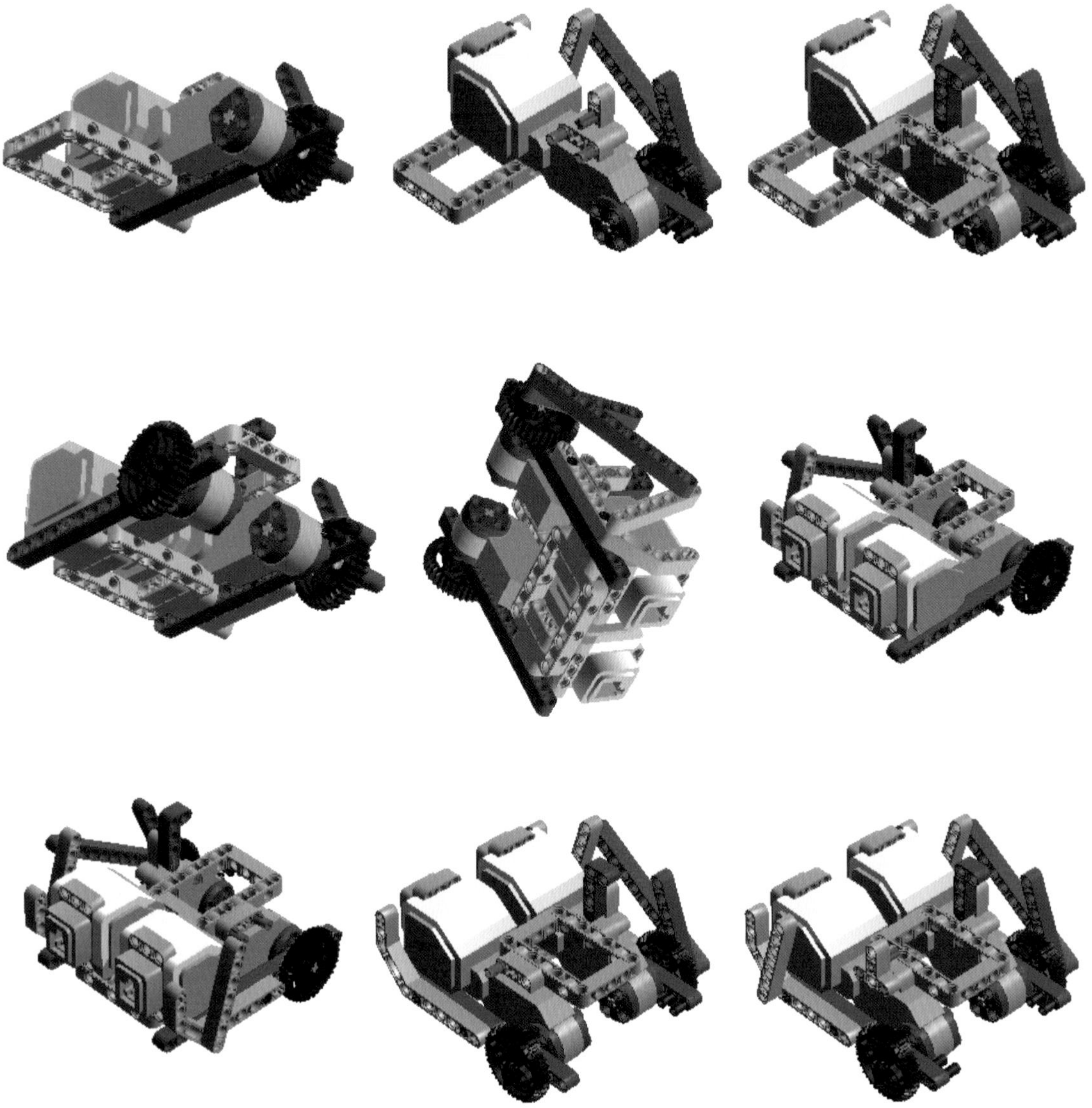

04

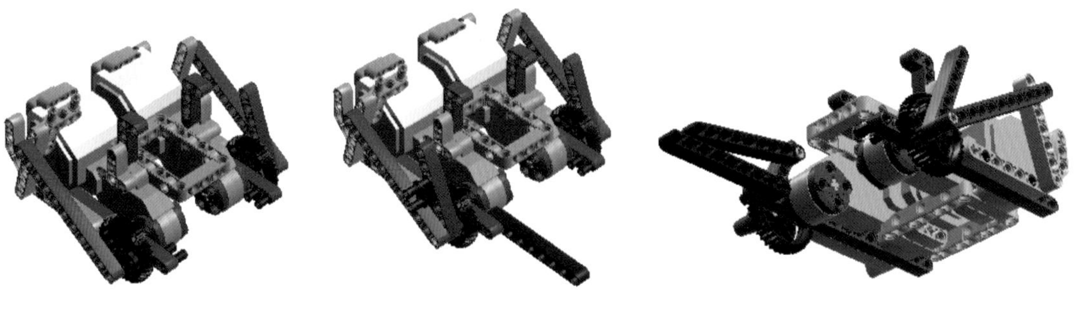

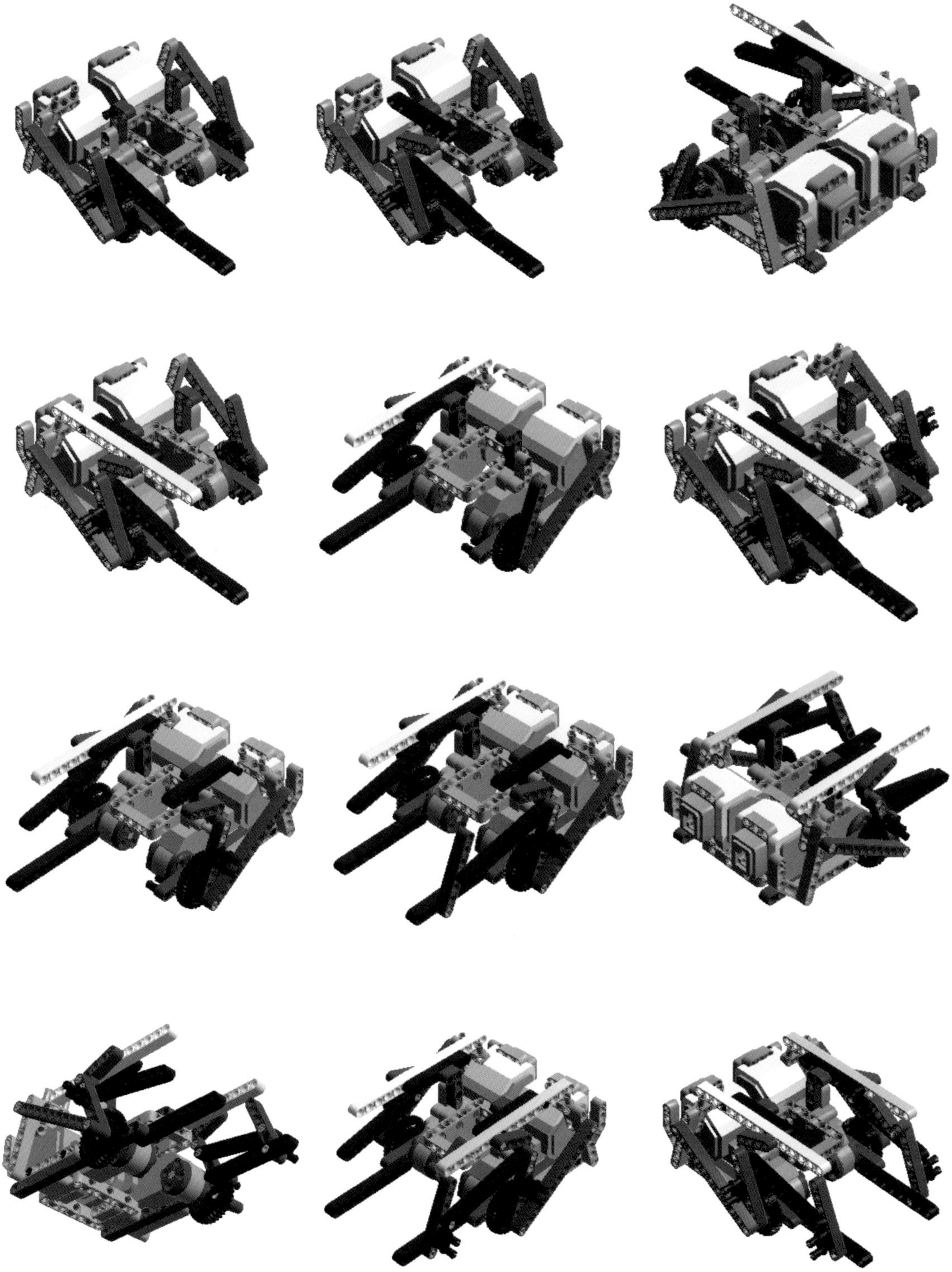

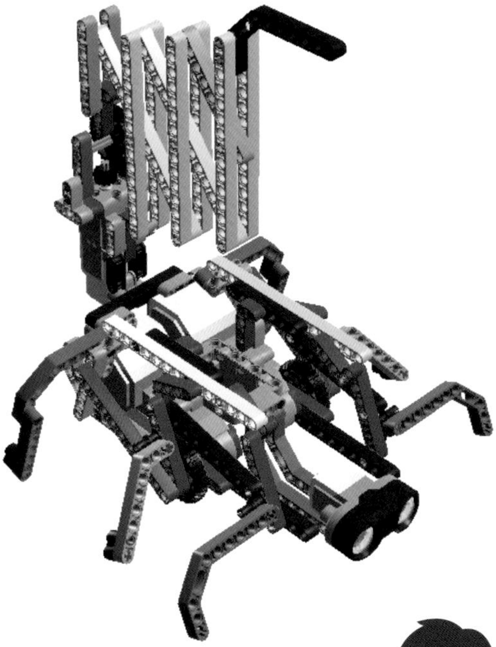

“当我们把交叉伸缩结构的某一节从一端多移动一个孔来进行连接的时候，伸出去之后就会向某一个方向发生偏转了，你记住了吗？”

“爸爸，我记住了！”

创意想象

“这是生活中很常见的一种伸缩结构，小克里斯，你还在什么地方见过它吗？”克里斯爸爸问道。

小克里斯想了一下说道：“学校的大门就是这样子的，还有你给我买的伸缩拳头的玩具也是这样的。”

“对，它们都是利用这种结构制作的。那你再想一下，这个结构还能用在哪里呢？”

小克里斯想了一下说道：“以前做的救援之手也能使用这个结构来制作，它们都是能伸缩的。”

“对，就是这样。你先玩一会儿吧，然后你再试一下用这个结构来重新制作救援之手。”

小朋友们，你们能利用这种结构来做什么呢？开动脑筋来想一下吧！

多足机器人

克里斯爸爸　小克里斯

这是一个阳光明媚的上午，小克里斯吃过早饭之后在院子里玩耍。玩了一会儿，他好像发现了什么，突然向墙角跑去，然后蹲在墙角盯着那里看。克里斯爸爸出来后发现儿子蹲在墙角，于是走过去想看个究竟。

走近一看，克里斯爸爸发现墙脚处有一大窝蚂蚁，正在进进出出地走个不停。于是就问小克里斯：“你为什么蹲在这里看蚂蚁啊？”

“刚才我在那边玩，突然发现旁边有一群蚂蚁爬来爬去，我就跟了过来。我发现蚂蚁很好玩，它们走路的时候几条腿动来动去的，而且在碰到别的蚂蚁的时候，都是用触角互相打招呼。”

克里斯爸爸问小克里斯：“你知道这些蚂蚁在干什么吗？”

小克里斯说：“它们在找吃的，因为我刚才看见蚂蚁身上背了各种各样的东西爬到窝里。”

“对，这些蚂蚁都在寻找食物。”

“爸爸，刚才我在蚁巢入口处还看到几只不一样的蚂蚁，它们的牙齿好大，它们是住在一起吗？”

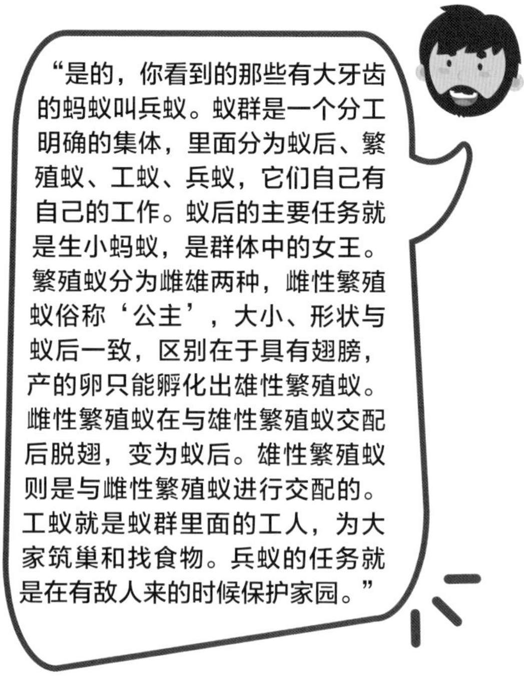

“是的，你看到的那些有大牙齿的蚂蚁叫兵蚁。蚁群是一个分工明确的集体，里面分为蚁后、繁殖蚁、工蚁、兵蚁，它们自己有自己的工作。蚁后的主要任务就是生小蚂蚁，是群体中的女王。繁殖蚁分为雌雄两种，雌性繁殖蚁俗称‘公主’，大小、形状与蚁后一致，区别在于具有翅膀，产的卵只能孵化出雄性繁殖蚁。雌性繁殖蚁在与雄性繁殖蚁交配后脱翅，变为蚁后。雄性繁殖蚁则是与雌性繁殖蚁进行交配的。工蚁就是蚁群里面的工人，为大家筑巢和找食物。兵蚁的任务就是在有敌人来的时候保护家园。”

“哦，原来是这么回事啊。”
“好了，别看蚂蚁了，我们进屋去，今天啊，我教你做一个有好多条腿的机器人好吗？”

小克里斯高兴地跳了起来，飞快地跑到屋子里去了。

新知识：电机移动模块

克里斯爸爸拿着笔记本电脑走了过来，对小克里斯说：“今天顺便教你如何使用 Mindstorms EV3 软件进行编程。”

首先我们要打开桌面上的这个文件。双击左图所示这个图标，进入程序。

接下来，我介绍两种新建程序的方法。我们可以在右图标有①的红框里面单击“+”来添加新的程序，还可以在标有②的红框里面单击文件→新建项目→编程来新建程序。

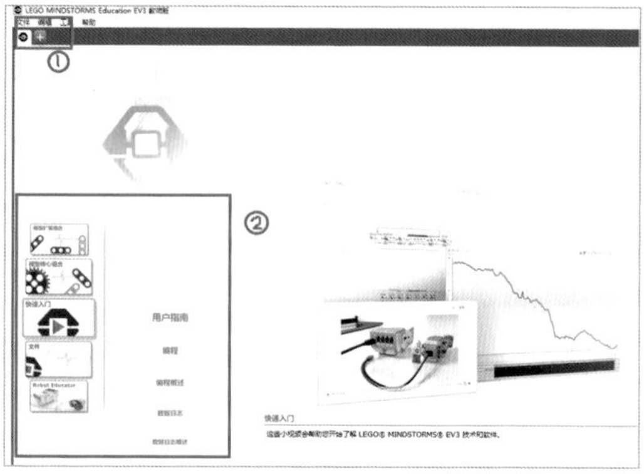

进入如下图所示的编程页面之后，标有①的位置显示的是程序所在文件夹的名称，标有②的位置显示的是程序文件名。在程序被传输到 EV3 中后，我们就要根据文件夹名和文件名找到我们的程序。我们可以双击文件名的位置对文

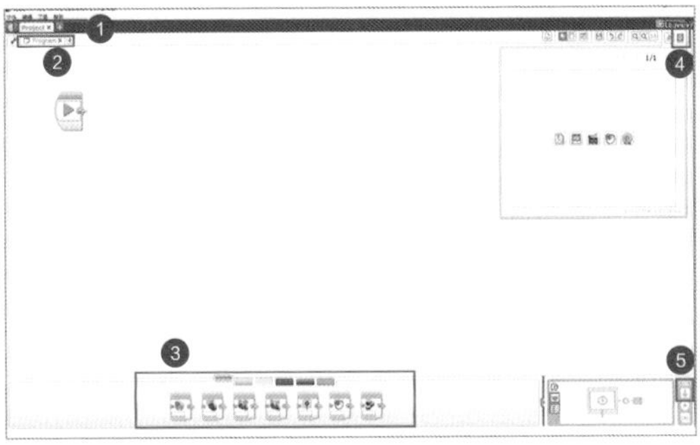

件名进行修改，文件夹名称则只能在单击文件进行保存的时候才能进行修改。文件夹和文件的名字只能是英文和数字哦，别的字符在 EV3 上是无法显示的。

标有③的位置则是 EV3 的编程模块区域，总共分为 6 组，今天要用的就是第一组——动作模块组。在我们进行编程的时候。因为屏幕位置有限，我们可以单击标有④的位置，把编辑器收起来，这样就能放置更多的模块了。编写好程序后，单击标有⑤的地方，就可以下载程序了。

下面我们来进行编程，今天要用到的是大型电机模块，我们把鼠标指针放在模块上，之后就会显示模块的名字，单击模块，移动鼠标指针把模块放到程序开始模块的后面，如下图所示。

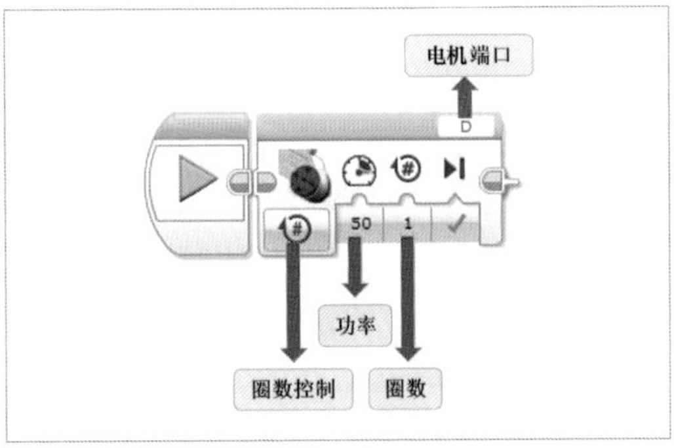

在模块中，我们可以看到这样几个设置位置。

电机端口：可以选择 EV3 上 A、B、C、D 这 4 个电机端口。

圈数控制：控制电机时，我们通常使用圈数作为计量单位，点开之后我们还可以选择开启、度数、秒数、关闭等几个选项。

功率：功率决定了单位时间内电机转动速度的快慢，选择范围是 -100~100，当功率为负数的时候电机倒转。

圈数：圈数控制电机转动多少圈，当我们切换控制方式的时候，这里也会进行对应的改变。

这就是大型电机控制模块了，它的控制方式与中型电机控制模块的控制方式相同。下面就让我们开始制作多足机器人吧。

搭建步骤

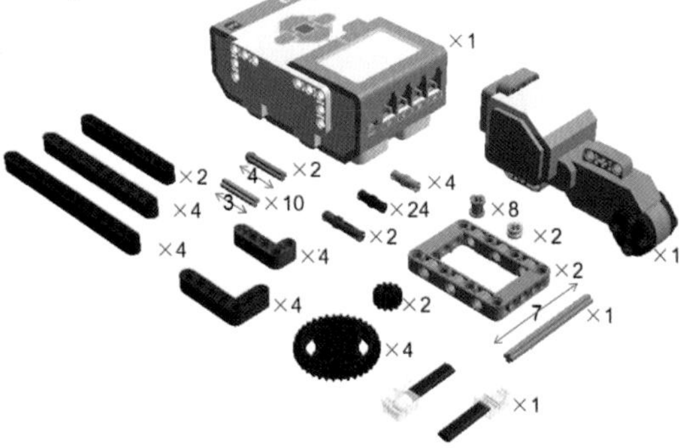

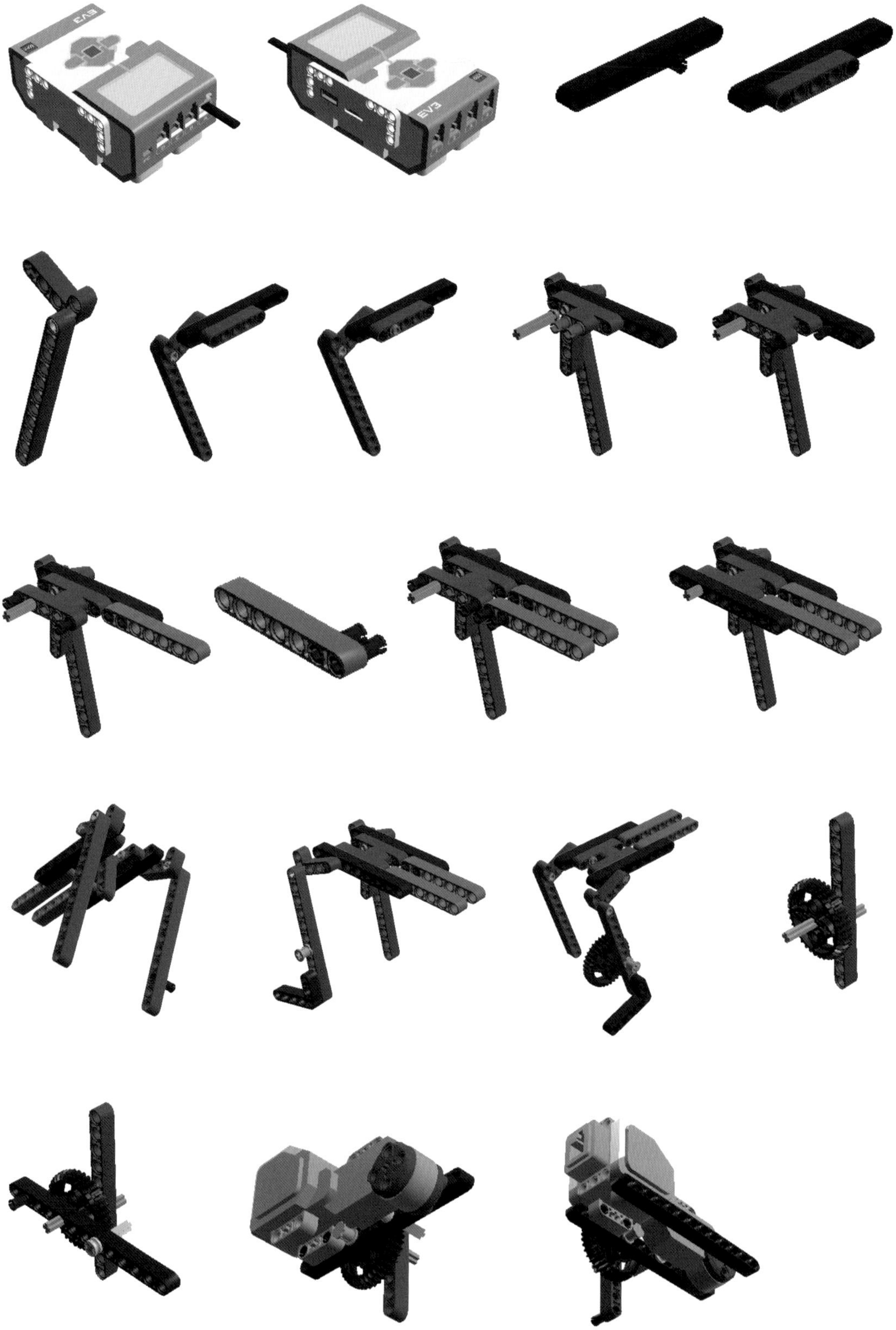
EV3

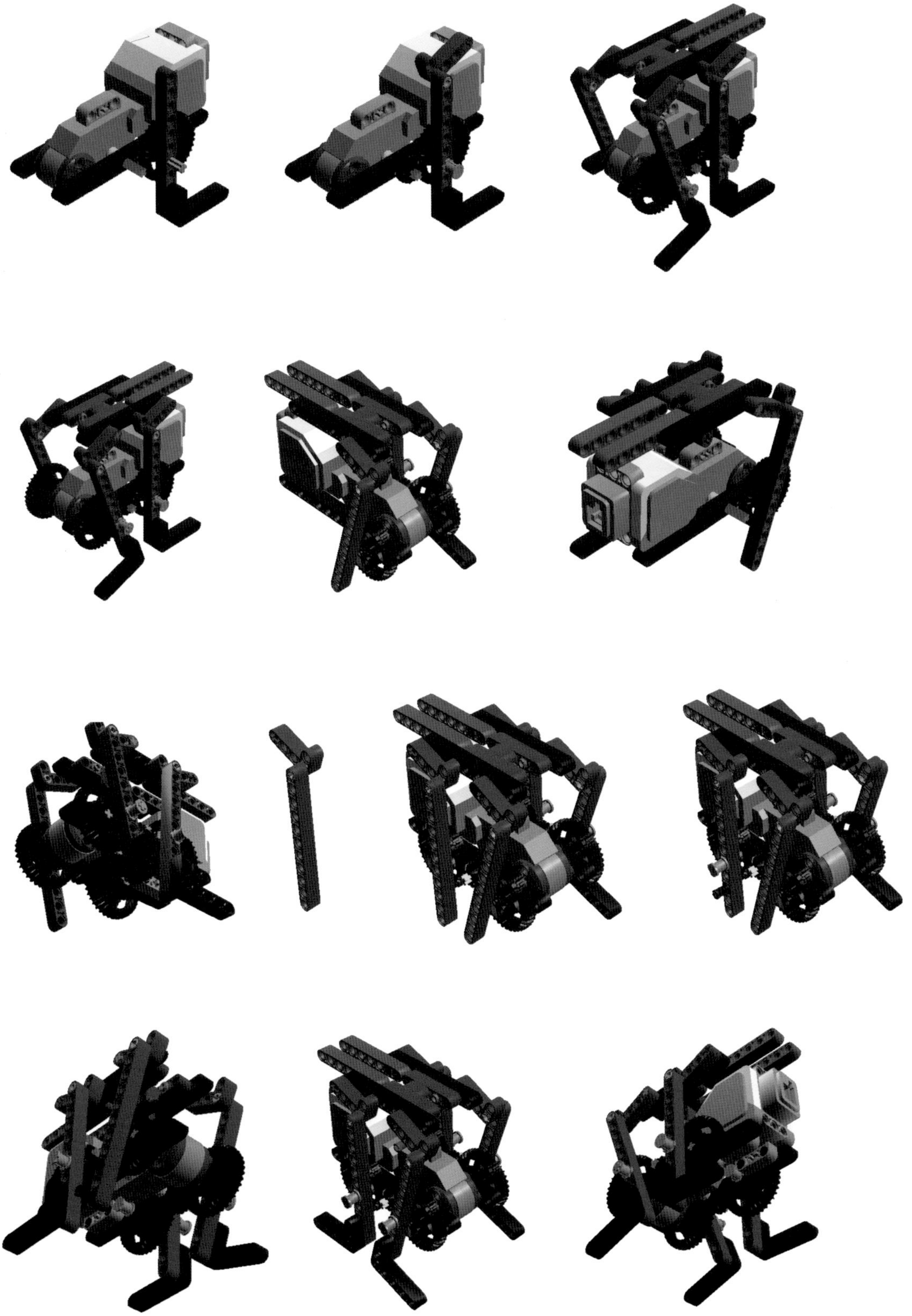

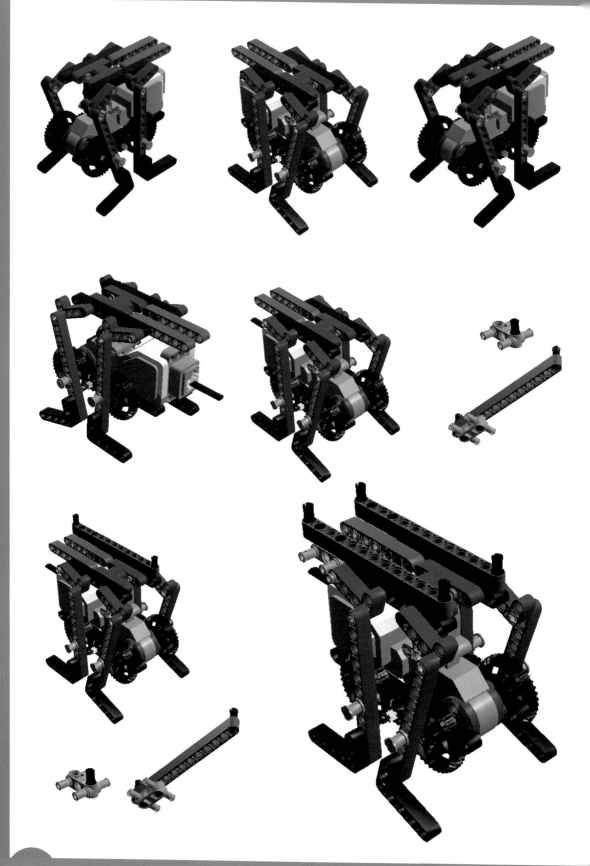

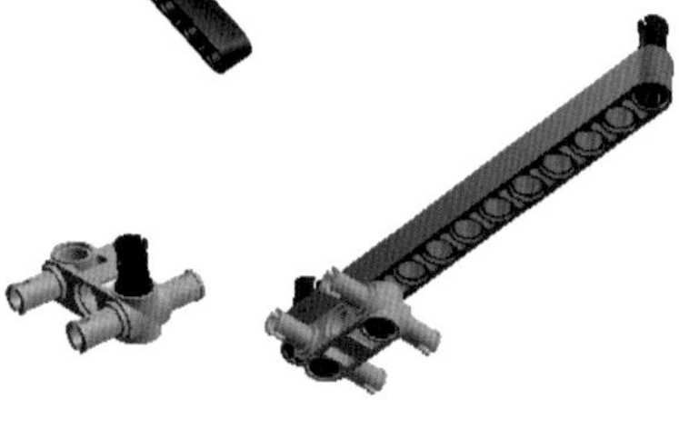

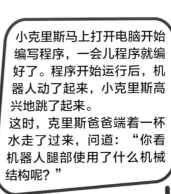

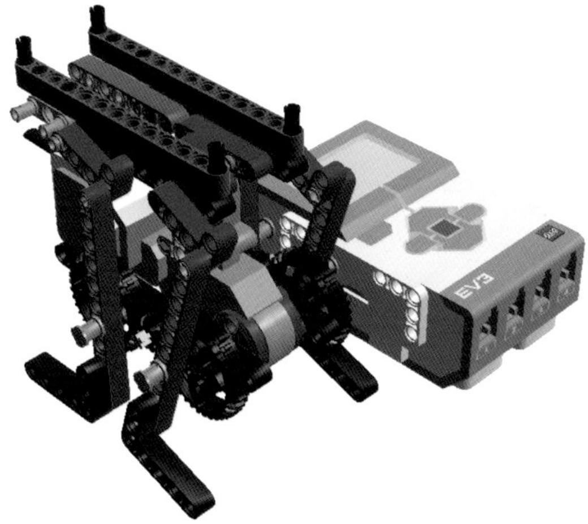

“下面我们把 EV3 安装到机器人上，机器人就做完啦。”克里斯爸爸说道。克里斯爸爸问小克里斯：“我们要是想让机器人动起来的话，还需要什么呢？”

“还需要编写程序。”

“对，那你就用爸爸刚才教你的方法去编写程序吧，这个机器人只需要编写大型电机的运动控制程序就行了。”

创意想象

小克里斯马上打开电脑开始编写程序，一会儿程序就编好了。程序开始运行后，机器人动了起来，小克里斯高兴地跳了起来。

这时，克里斯爸爸端着一杯水走了过来，问道：“你看机器人腿部使用了什么机械结构呢？”

小克里斯看了一下说道：“使用了齿轮组。”

克里斯爸爸：“对，就是齿轮组，那你能让机器人走得更快一点吗？”

小朋友们，让我们和小克里斯一起来想一下，如何能让机器人走得更快吧！

快乐的蠕虫

克里斯爸爸　小克里斯

小克里斯飞快地跑进了屋子，手里好像还拿着什么东西。他来到爸爸跟前，把手伸过去对爸爸说：“爸爸，你看我手里的这个虫子，爬起来感觉好有意思啊。”

“你为什么觉得有趣呢？”

“爸爸你看，我以前看到的虫子都是好多条腿来回前后动，这个虫子往前爬的时候后背是弓起来的，然后再伸直往前爬。”

“那你知道这种动作叫什么吗？”

小克里斯挠头想了想，说：“我不知道。”

“这种运动方式叫作蠕动，因为这种虫子不能像其他虫子那样爬行，所以只能这样一伸一缩地前进。还有很多虫子也是使用蠕动的方式前进的，比如苍蝇幼虫、天牛幼虫、尺蠖等。”

“原来这么多啊，我都没见过。”

“你可以先记下来名字，回头在网上查一下。”

“那好吧，但是在上网查之前您能教我用乐高来做个这种虫子吗？以前我们做过蝎子、多腿虫子，我想试试做这种虫子。”

“嗯，那好吧，你先去把虫子放好，把手洗干净吧。”

新知识：棘轮结构

小克里斯甩着没擦干的手，跑到了爸爸的旁边并说道：“爸爸，我们开始吧。”

“咱们在做之前要先想一下，虫子在蠕动的时候后半截身子先向前动，之后前半截身子再向前动。你怎么保证用乐高积木搭出来的蠕虫机器人在前半截身子动的时候不会整体向后滑动呢？”

“爸爸，您就别卖关子了，告诉我吧，今天要学哪种结构来解决这个问题啊？”

“今天要学习的就是棘轮结构。什么是棘轮结构呢？我们来看右面这张图片。”

“你看，1 号齿轮与 2 号零件分别绕着各自的点转动。当齿轮顺时针转动的时候，2 号零件是不是就挡住了它的转动方向，它就不能转动了？”

“嗯，是这样的，因为 2 号零件的角度正好与齿轮斜面垂直。”

“对，就是这样，当 1 号齿轮逆时针转动的时候，2 号零件还能阻碍它运动么？”

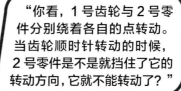

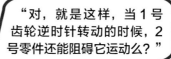

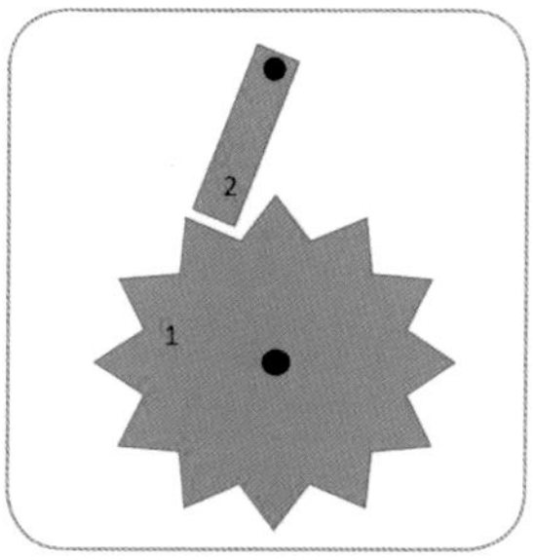

"齿轮逆时针转动的时候就没事了，2 号零件可以运动起来，让开齿轮。"

"聪明，就是这样，这个结构就叫作棘轮结构，它的特点就是单向运动，这样用乐高积木搭出来的蠕虫机器人爬起来的时候就不会向后滑了。你记住了么？"

"爸爸，我记住了，我们开始吧。"

搭建步骤

01

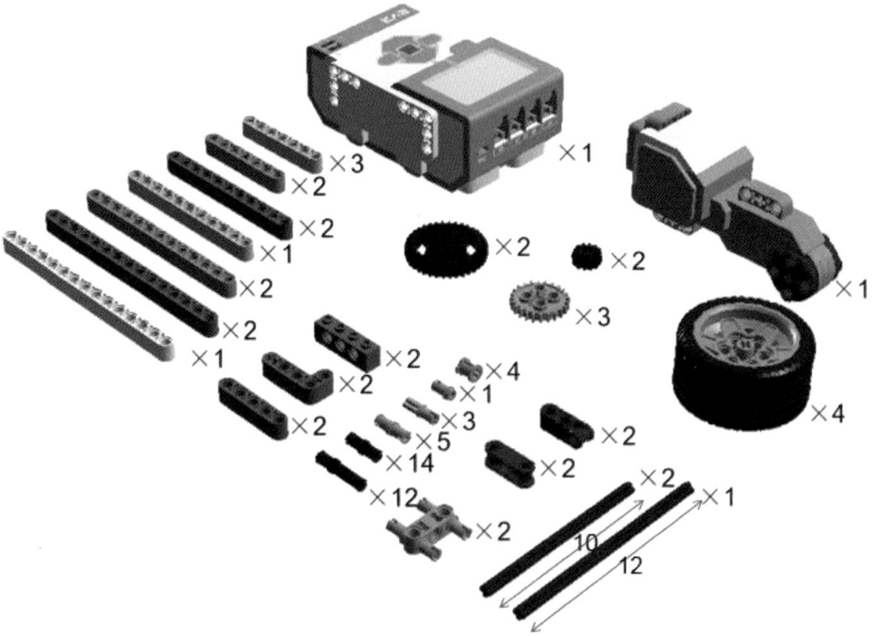

02

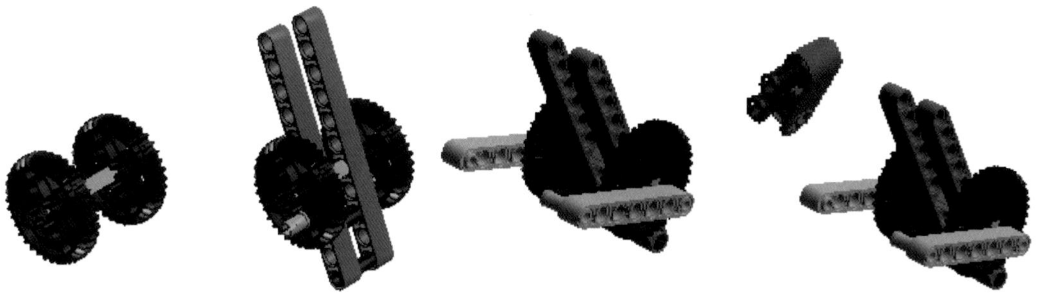

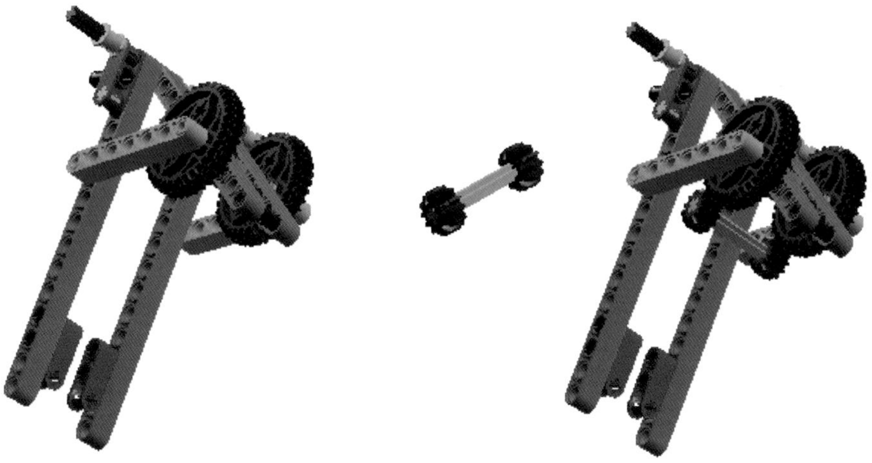

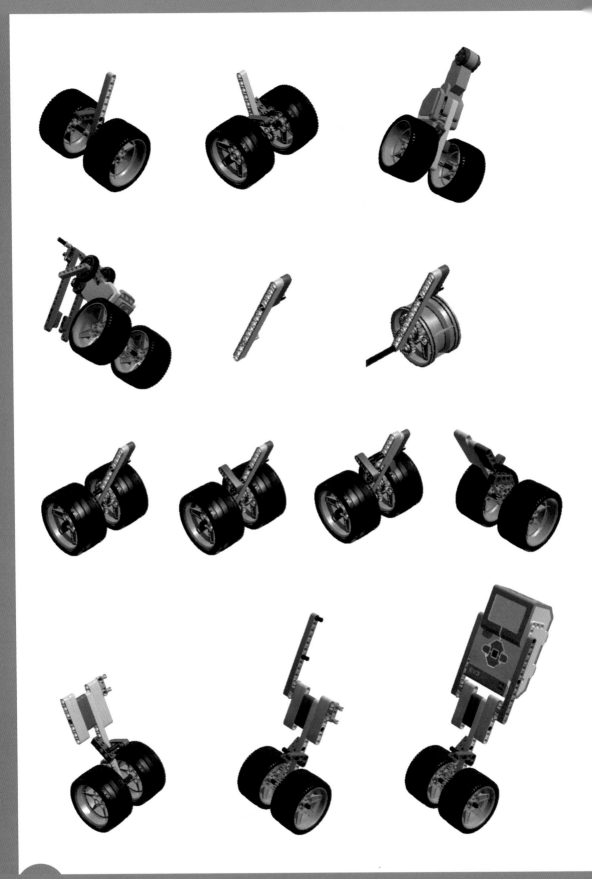

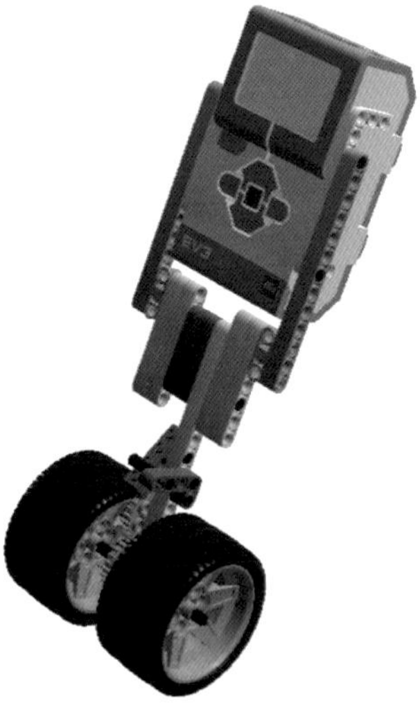

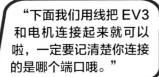

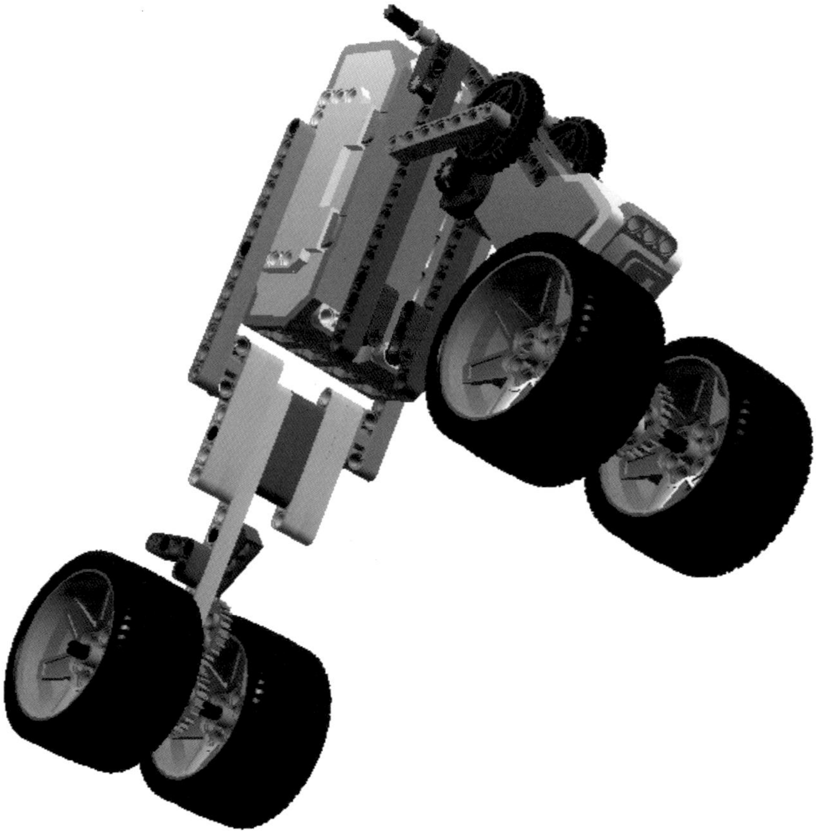

“下面我们用线把 EV3 和电机连接起来就可以啦，一定要记清楚你连接的是哪个端口哦。”

“知道了爸爸，我记住了。”

“在写程序的时候，让电机直接旋转多少度就可以了。想让它多走一些，你就多设定一些度数，跟上次的多足机器人一样就行。”

“嗯嗯，我知道了，我去编程序啦。”小克里斯抱着蠕虫机器人飞快地跑向电脑。

创意想象

小克里斯编完程序之后，发现机器人没法运动，于是找到爸爸问道：“爸爸，我的蠕虫机器人怎么不能动啊？”
“你把电机端口写错了，你的蠕虫机器人用的是 A 端口，程序上你用的是 D 端口，刚才我还提醒你来着，你忘了吗？”
“我错了爸爸，刚才太着急给忘了，下次不会了。”

“下次记得就行了，不要总是粗心。”
“知道了爸爸，以后我会认真的。”小克里斯修改完程序之后，蠕虫机器人果然动了起来，小克里斯开心地跳了起来。
“你看，它爬得很慢，爬动幅度也很小，你想想怎么能让它爬动幅度大一点、速度快一点呢？”

小朋友们，和小克里斯一起来想一想吧！

蹦跳机器人

今天小克里斯和爸爸一起去公园，正赶上工地施工，只见一个工人手里扶着一个机器，机器的一端有一个大轮子边转边往地上砸，很快，地面就被压平了，小克里斯感到很有意思。

“爸爸，为什么这台大机器长得这么奇怪，它是怎么把地面压平的呢？”

“你仔细观察一下，看看它有什么特点啊？”

“爸爸，我发现这台机器前面有一个东西一直在转，但是转得太快了，我看不清楚样子。”

“走吧，我们离近一点看一下吧，你也可以问问工人叔叔这台机器是怎么运动的。”

小克里斯和爸爸走了过去，工人看到有人过来之后，把机器停了下来，说道：“这里正施工呢，太危险了，不要离得太近。”

“师傅，我的孩子对这台机器很好奇，所以我带他过来离近点看看，能请你帮忙给孩子讲一下这台机器的运动方式吗？”

“哦，那没问题，正好我也休息一下。小朋友过来吧，叔叔把机器停下来了，你可以离近点看。”

小克里斯走了过去，蹲下来仔细地观察，离近了看之后，才发现机器前面有一个形状奇怪的东西，于是指着前面的东西问道：“叔叔，前面这个东西是干什么用的啊？长得好奇怪。”

“真聪明，一下就找到了这个机器的奥妙所在。这个部件叫作偏心锤，这台机器正是因为有它才能够把地面砸平的。”

新知识：偏心锤结构

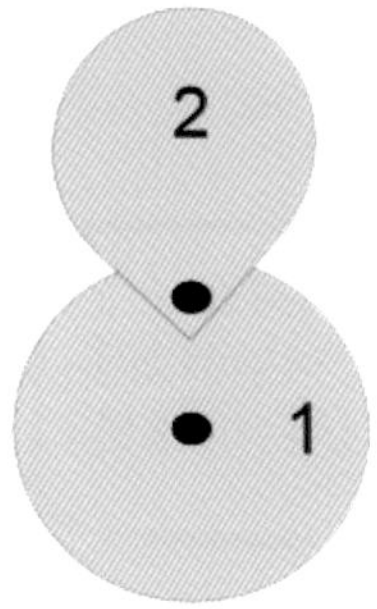

“你看，2 号部件连接在 1 号转轮上。机器的电机带动 1 号转轮转动，1 号转轮转动起来之后带动 2 号部件进行转动，2 号部件的质量很大哦，你知道惯性吗？”

“我知道，任何物体都具有惯性。同一物体，当它的速度越大时，惯性越大。同一速度下，物体质量越大，惯性越大。对吗？”

“对的，就是这样，你想一下，当 2 号部件转动到最上面的时候会发生什么情况呢？”

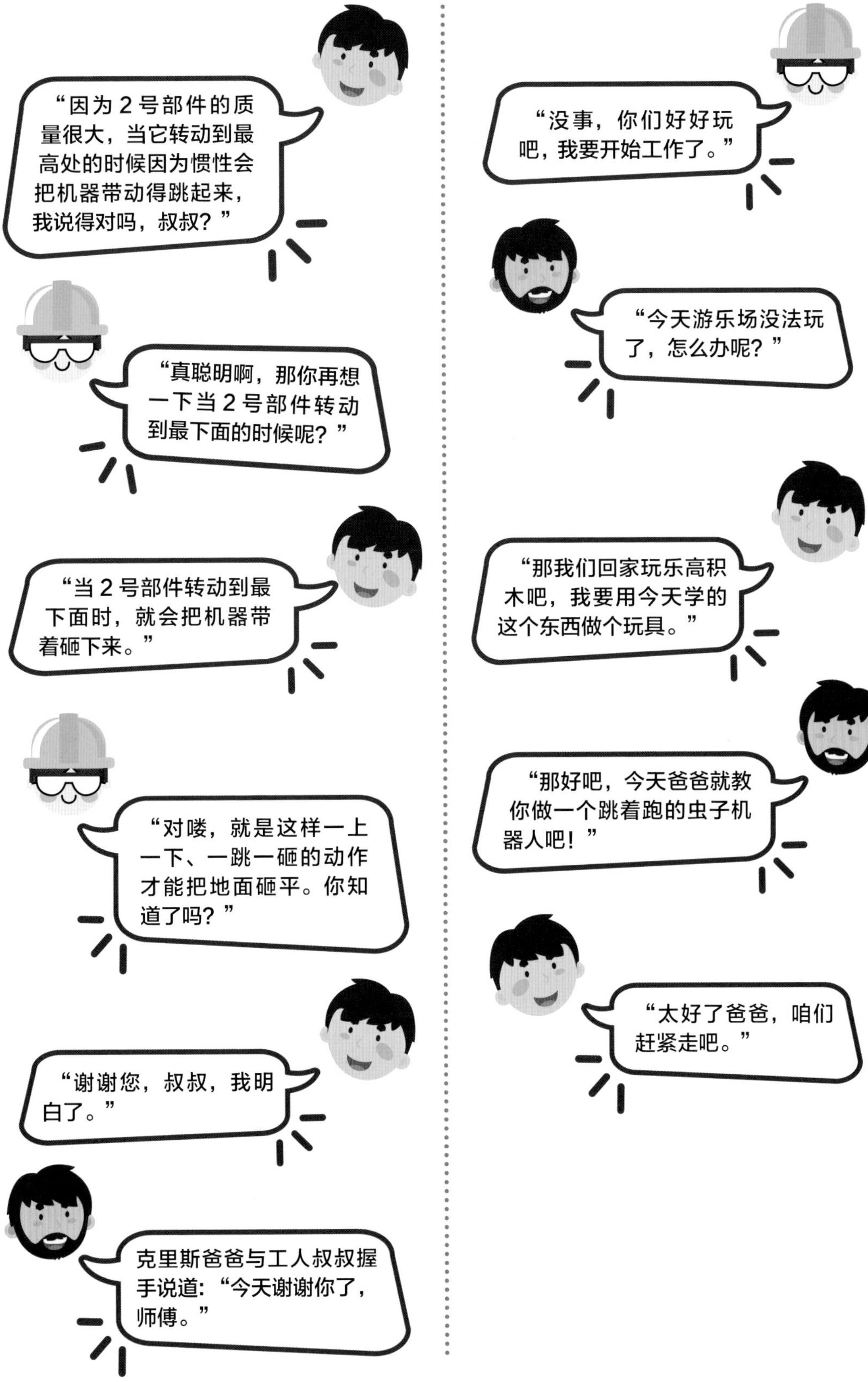
“因为 2 号部件的质量很大，当它转动到最高处的时候因为惯性会把机器带动得跳起来，我说得对吗，叔叔？”
“真聪明啊，那你再想一下当 2 号部件转动到最下面的时候呢？”
“当 2 号部件转动到最下面时，就会把机器带着砸下来。”
“对喽，就是这样一上一下、一跳一砸的动作才能把地面砸平。你知道了吗？”
“谢谢您，叔叔，我明白了。”
克里斯爸爸与工人叔叔握手说道：“今天谢谢你了，师傅。”
“没事，你们好好玩吧，我要开始工作了。”
“今天游乐场没法玩了，怎么办呢？”
“那我们回家玩乐高积木吧，我要用今天学的这个东西做个玩具。”
“那好吧，今天爸爸就教你做一个跳着跑的虫子机器人吧！”
“太好了爸爸，咱们赶紧走吧。”

搭建步骤

这些就是要使用的零件了，我们赶紧开始制作吧！

01

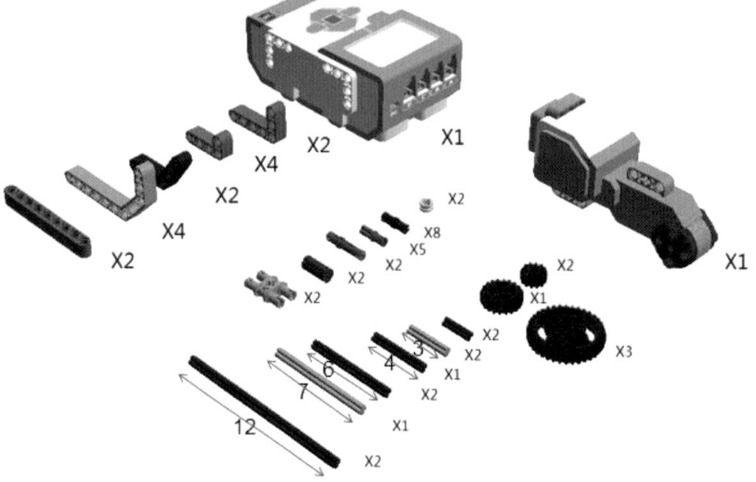

02

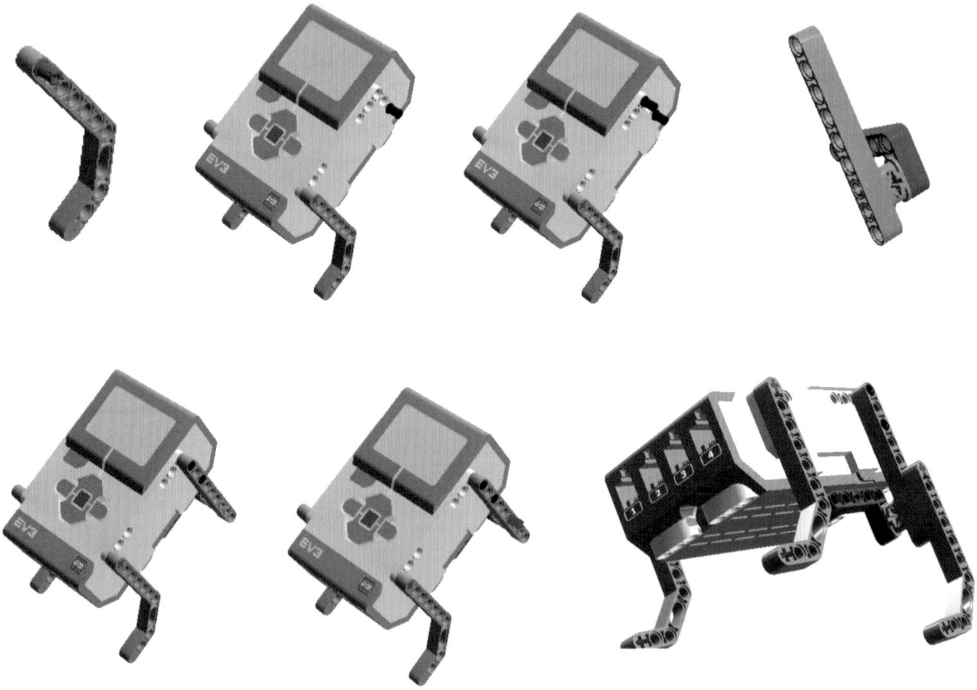

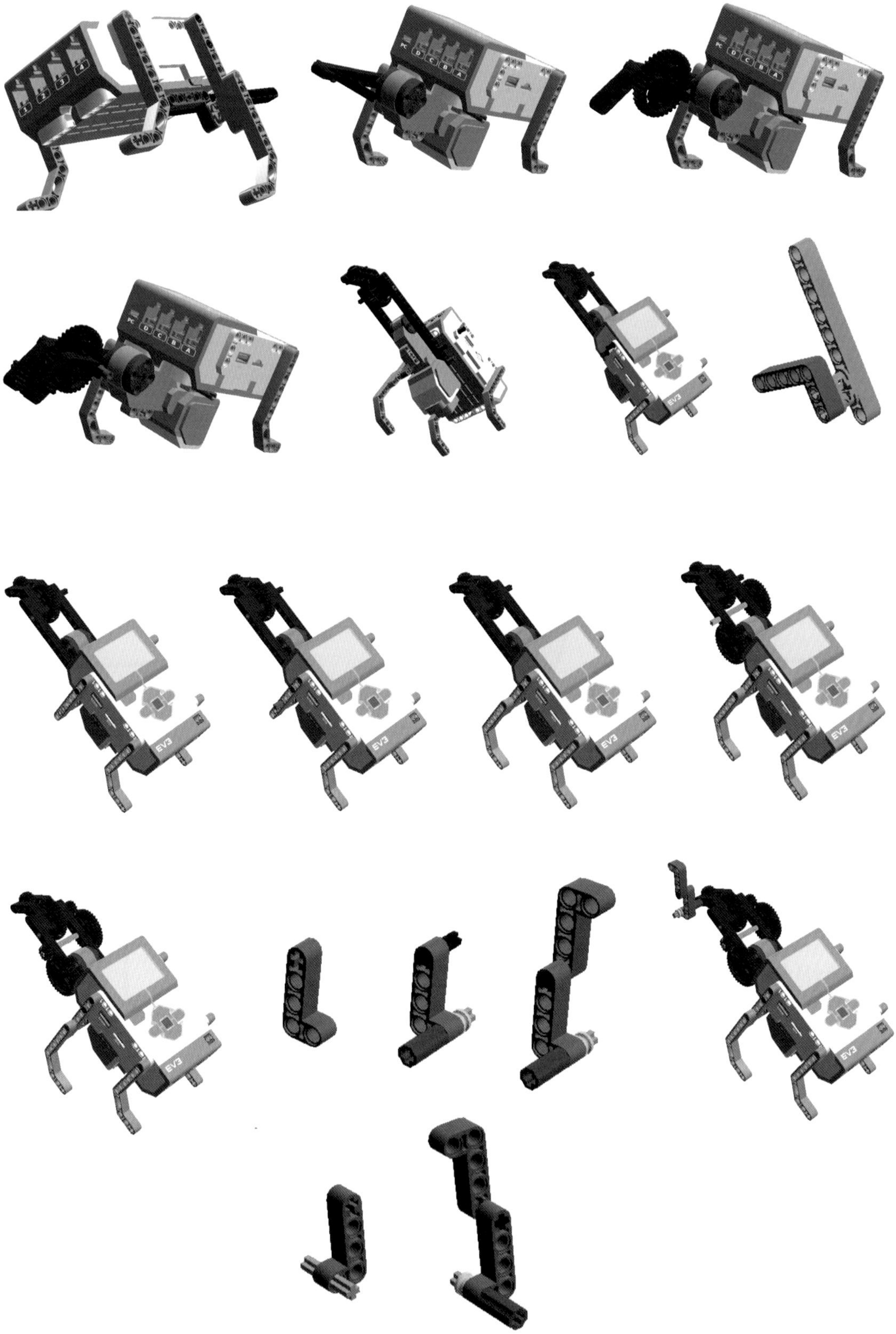

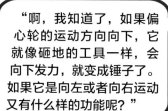

“这样我们的虫子机器人就搭建完成了，你自己编写电机控制程序吧，只要让电机一直转，它就可以跑起来了！”

创意想象

小克里斯运行程序，小机器人一下一下地蹦了起来，小克里斯很高兴：“爸爸，它果然是一跳一跳的啊！”

“你想一想，咱们用的这个偏心轮的运动方向是哪里呢？”

“嗯，这个偏心轮转起来的时候，机器人会向上跳，那么偏心轮的运动方向就是向上的。”

“很好，如果我们改变它的方向会发生什么呢？”

“啊，我知道了，如果偏心轮的运动方向向下，它就像砸地的工具一样，会向下发力，就变成锤子了。如果它是向左或者向右运动又有什么样的功能呢？”

小朋友们，让我们一起试一试把向左或者向右运动的偏心轮安装在机器人身上会发生什么吧！

欢乐打地鼠

克里斯爸爸　　小克里斯

小克里斯和妈妈有说有笑地打开了家门，发现克里斯爸爸正坐在椅子上看电视。小克里斯跑过去抱着爸爸说道："爸爸，你知道吗，今天我跟妈妈在游乐场玩得可开心了，你今天加班累吗？"

克里斯爸爸说道："不累，你们今天都玩什么了啊？"

小克里斯说道："我今天玩了一个特别有意思的项目，就是我们在一个场地里面，里面有小车走的轨道，轨道中间还有各种洞，有地鼠会从洞里面钻出来，然后我和妈妈就开着小车过去，用小车前面的锤子打地鼠，我今天打中很多地鼠呢！"

克里斯爸爸笑道："我的小克里斯这么厉害啊！"

小克里斯抬着头说道："那当然啦！"

小克里斯又问道："爸爸，今天你教我用乐高积木做一个打地鼠的玩具吧，我觉得很好玩。"

克里斯爸爸说道："好啊，但是你得先去洗澡，爸爸准备点零件。"

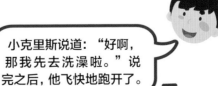

小克里斯说道："好啊，那我先去洗澡啦。"说完之后，他飞快地跑开了。

小克里斯洗完澡跑了过来，拉着爸爸的手说道：“爸爸，我们赶紧开始吧。”
克里斯爸爸：“在开始之前，我们要先想一下，我们的机器人需要哪些结构呢？”

小克里斯挠着脑袋想了一会儿说道：“需要轮子和电机，这样小车才能走来走去；还需要一个带电机的锤子，这样才能打地鼠。”
克里斯爸爸：“对的，就是这样。那爸爸先教你如何给机器人编程吧！”

程序分析

“首先我们要设定好程序的运行流程，你看这张图片，你能想到让机器人怎么运动吗？”克里斯爸爸指着显示器屏幕说道。

起始线

小克里斯看着图片想了一下，说道：“先让小车左转，然后往前走，当走到地鼠面前的时候停下来，用锤子打它。”
克里斯爸爸：“对，就是这样的。下面我来教你怎么编程吧。”

我们今天需要用到的程序是移动槽模块和大型电机模块，这两个模块就在绿色的动作模块中。

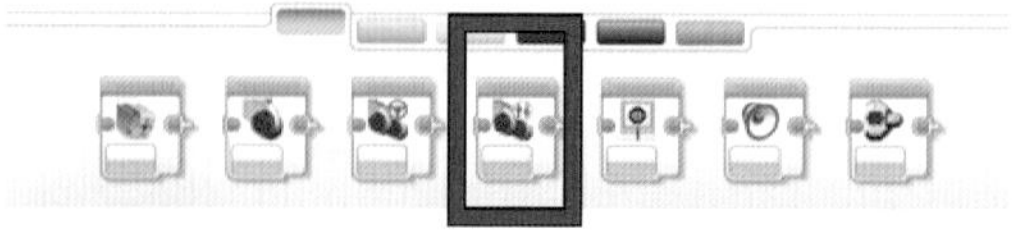

大型电机模块前面我们已经学过了，今天主要来说一下移动槽模块。上图红色方框里面的就是移动槽模块了，下面我们就来仔细看一下移动槽模块。

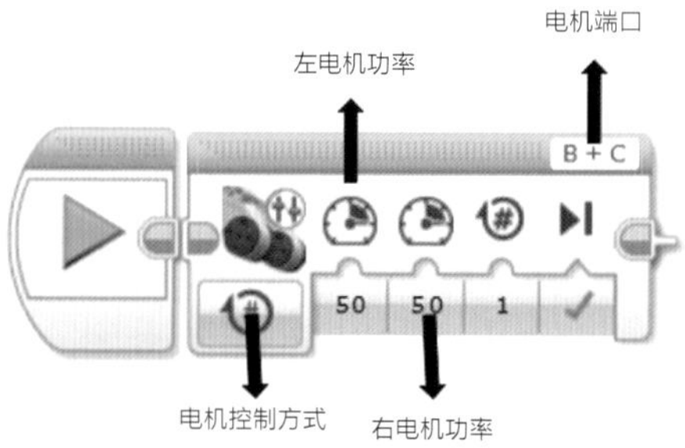

克里斯爸爸指着图片对小克里斯说道：“你看，这个模块可以同时控制两个电机，并且可以同时控制这两个电机的功率。你看两个功率一个是左电机功率，另一个是右电机功率，分别对应右上方+号左右两侧的端口上连接的电机。剩下的就跟普通的电机模块一样啦。你看这个模块，能想到怎么让小车左转弯吗？”

小克里斯想了一下说道：“应该让左电机停住，让右电机前进，这样就能向左转弯了。”

克里斯爸爸：“对，就是这样，然后两个电机功率一样，就能够让机器人前进了。当机器人走到地鼠面前之后，让带动锤子的电机转动，就能打到地鼠了。你仔细想一下，这个过程中你需要注意什么呢？”

小克里斯想了一下说道：“应该注意电机转动的角度，转多了就到不了想要的位置了。”

“真聪明，就是这个问题，下面就让我们来搭建机器人吧。”

搭建步骤

“这些就是我们这次需要用到的零件了。”克里斯爸爸将零件逐一拿了出来。

01

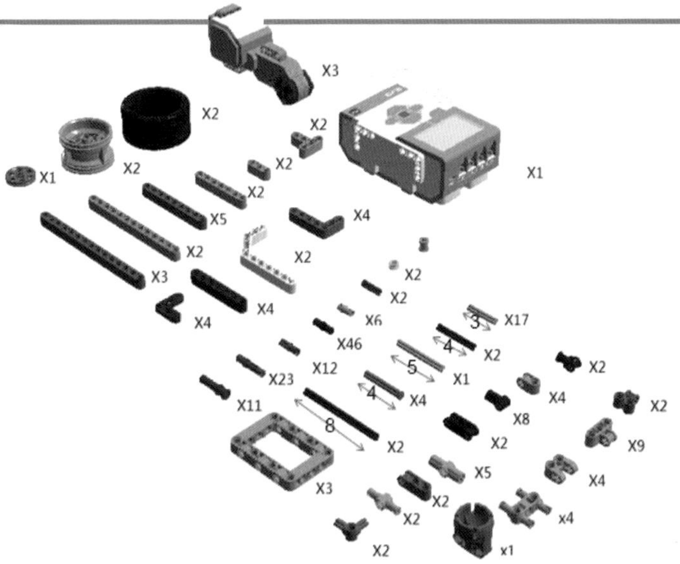

02

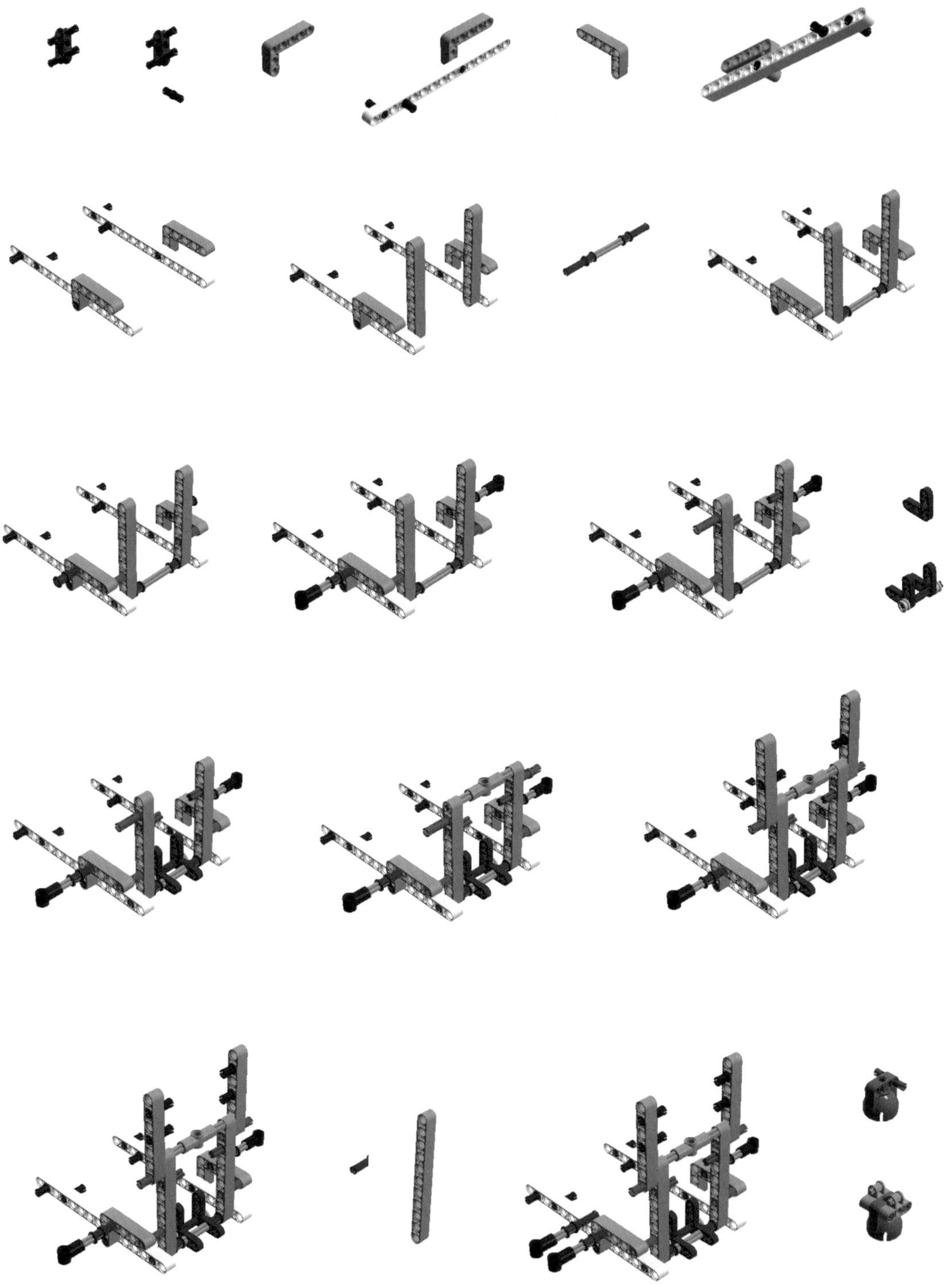

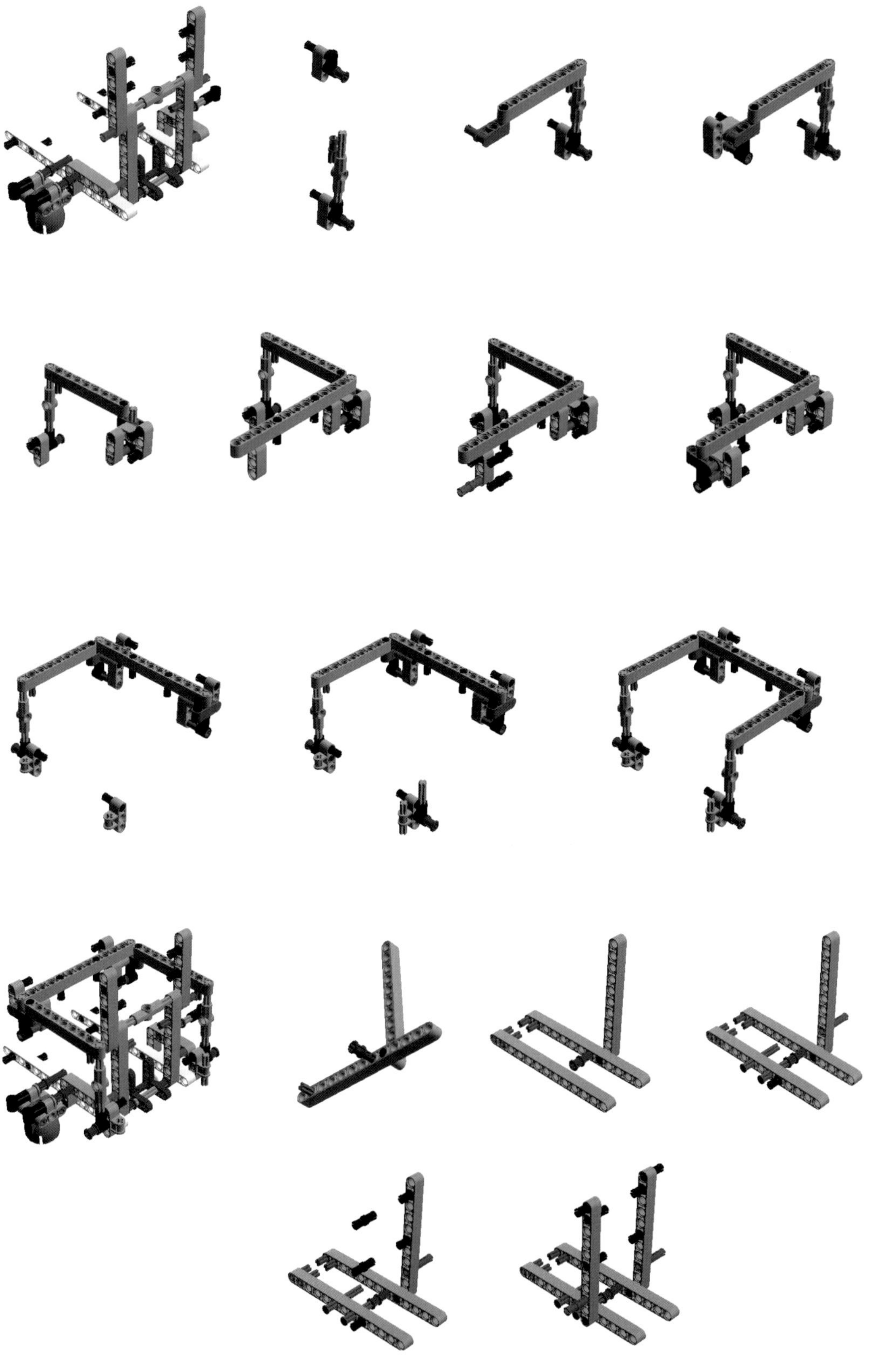

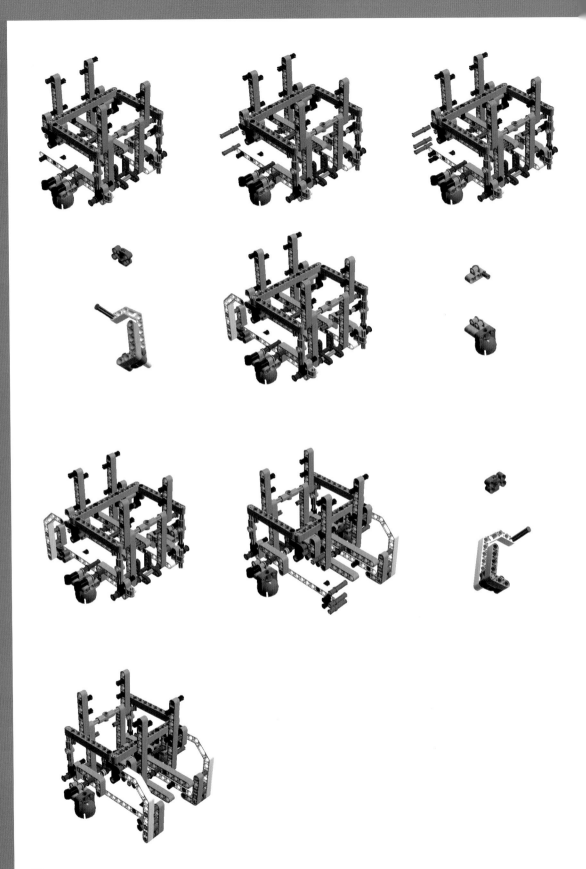

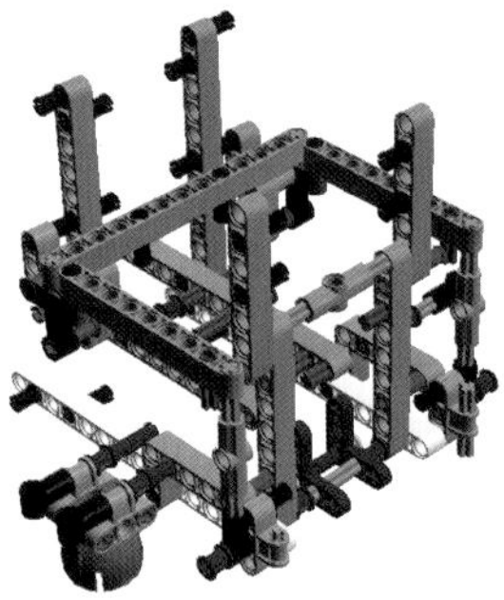

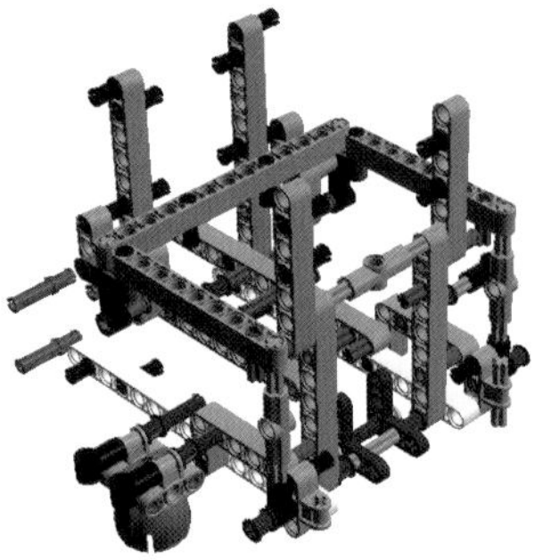

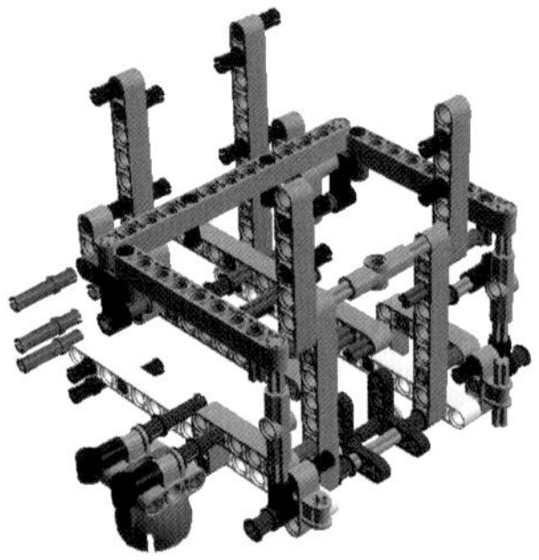

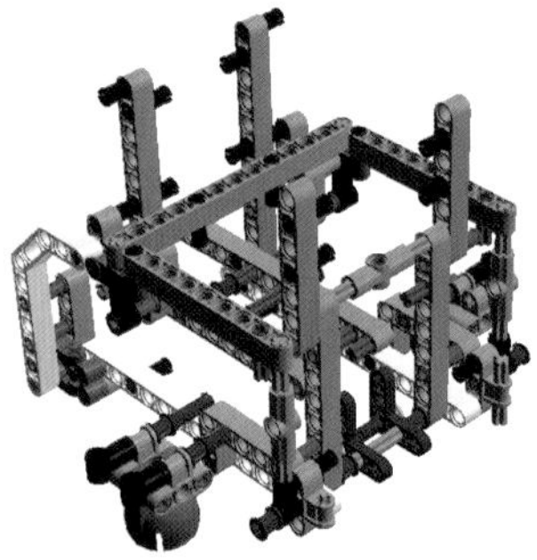

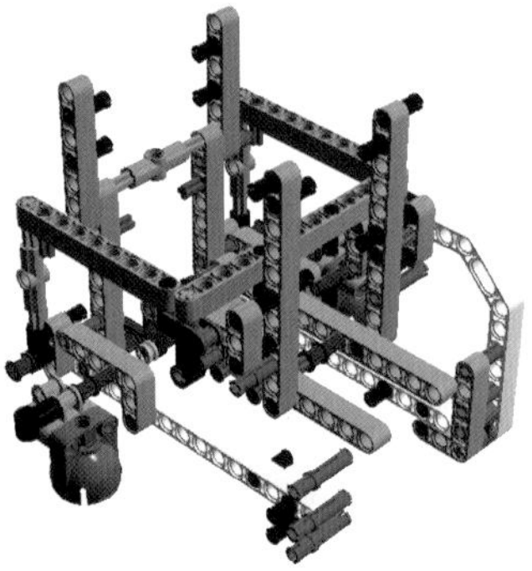

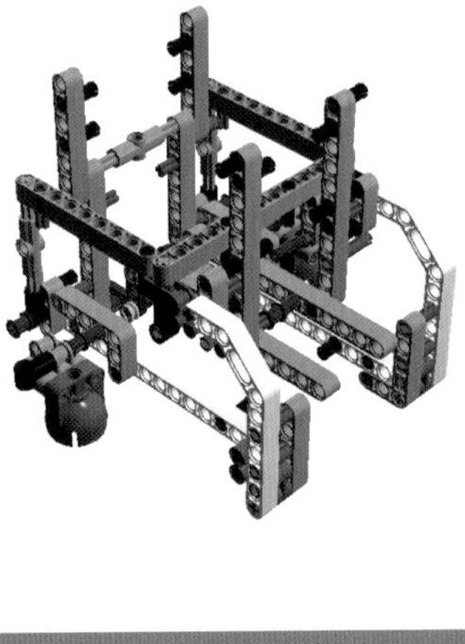

03

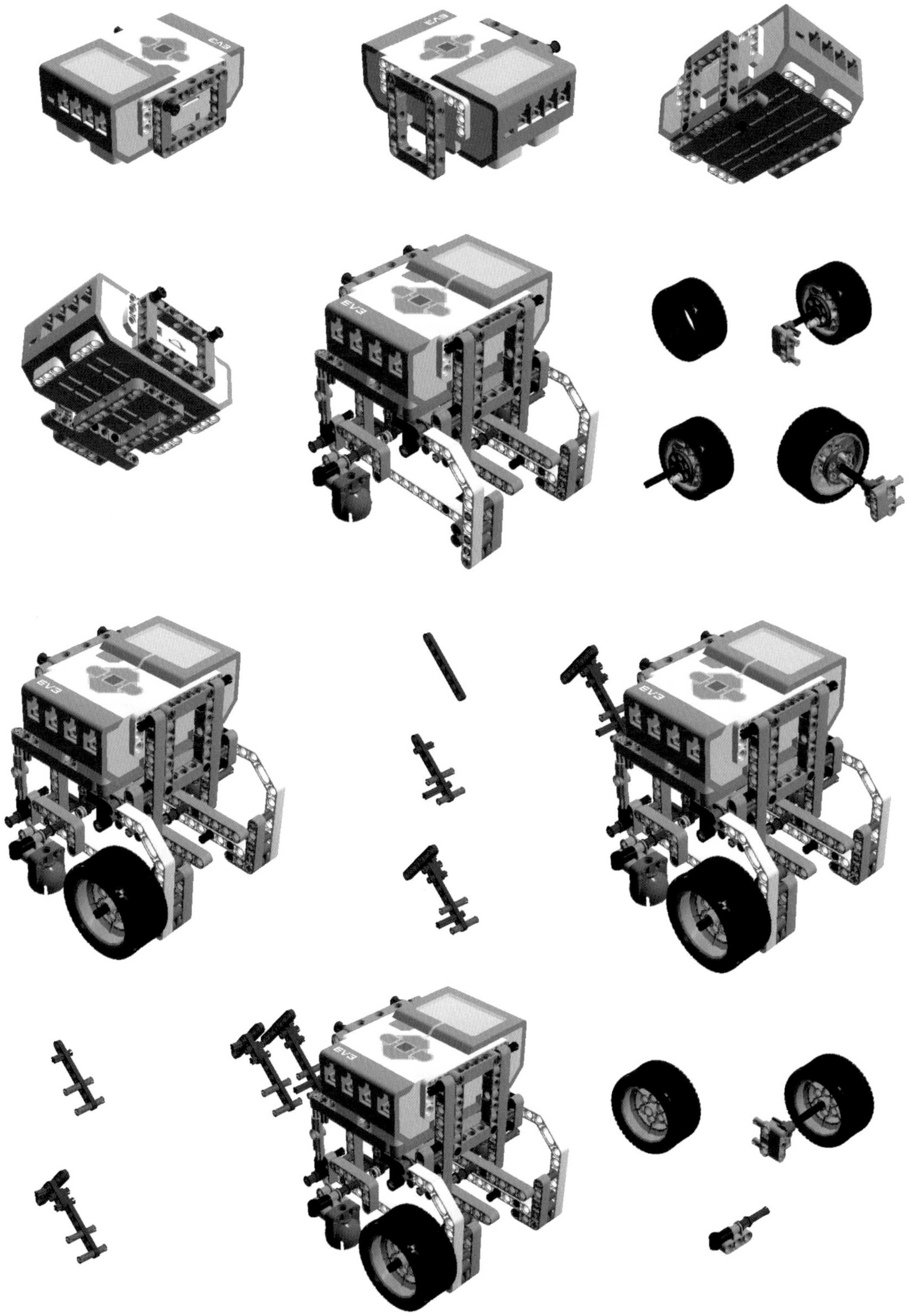

04

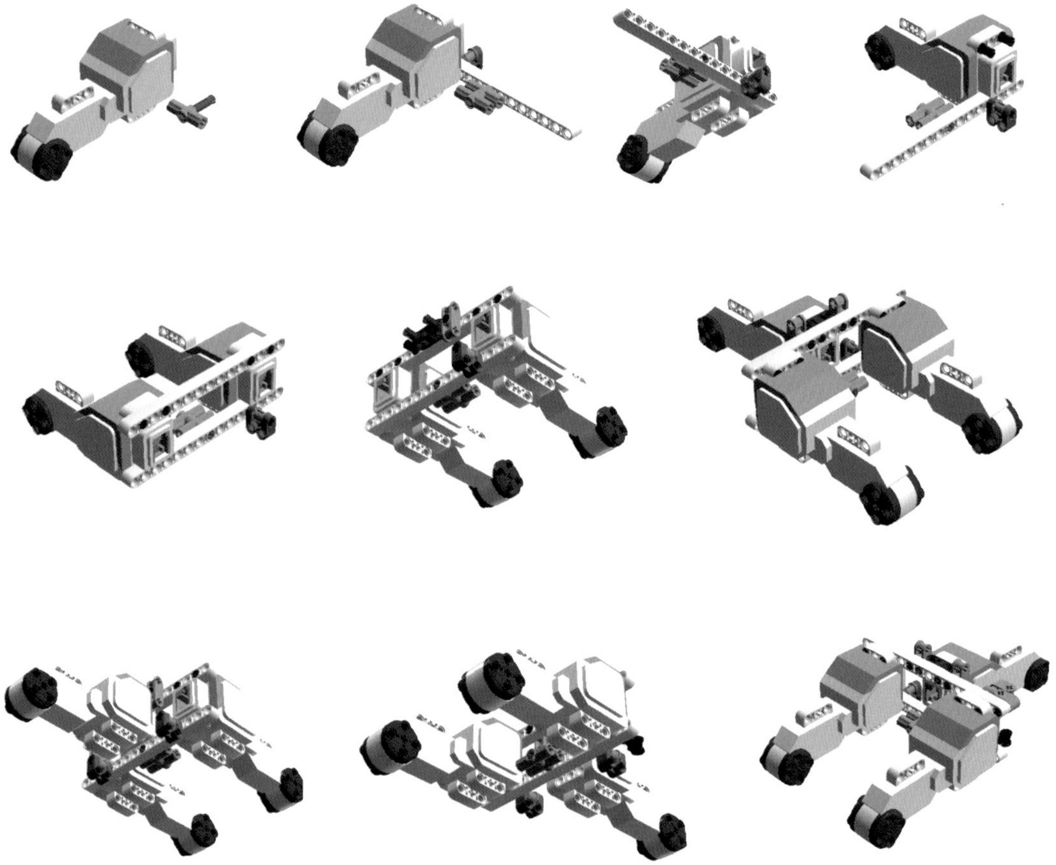

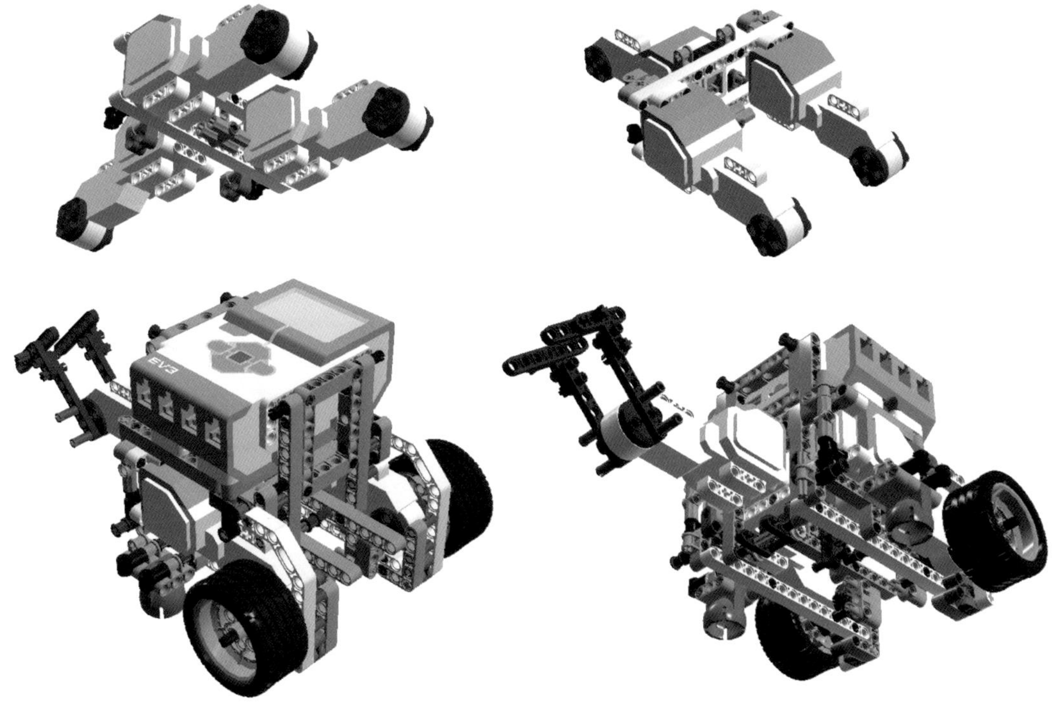

程序示例

克里斯爸爸：“机器人做好之后，我们就要开始编程了，我们先看一个例子吧。”

“你看，第一个模块是用来让机器人转弯的；第二个模块是用来让机器人前进的；当机器人走到地鼠面前时，就用到第三个模块来打地鼠了。如果不止有一只地鼠怎么办呢？”

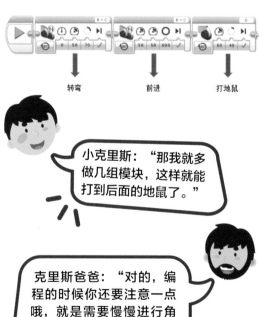

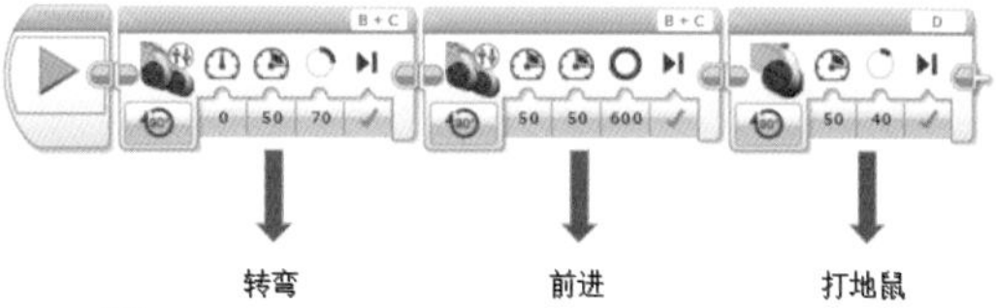

小克里斯：“那我就多做几组模块，这样就能打到后面的地鼠了。”

克里斯爸爸：“对的，编程的时候你还要注意一点哦，就是需要慢慢进行角度的调试，不要着急，这样机器人才能准确地走到地鼠面前打到它哦。”

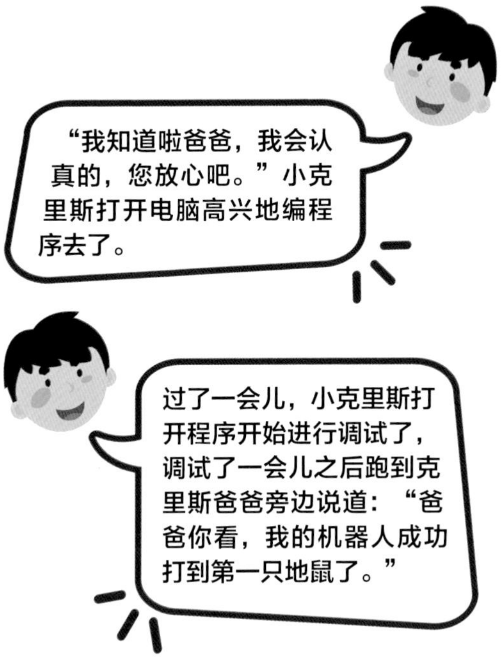

“我知道啦爸爸，我会认真的，您放心吧。”小克里斯打开电脑高兴地编程序去了。
过了一会儿，小克里斯打开程序开始进行调试了，调试了一会儿之后跑到克里斯爸爸旁边说道：“爸爸你看，我的机器人成功打到第一只地鼠了。”

克里斯爸爸：“做得真快，那你能多打几只地鼠吗？我再给你贴几只好不好？”
小克里斯：“太好了，我想试一下。”

小朋友们，自己在家里的地上贴几只地鼠图片试一试吧，看看你的机器人能打到多少地鼠。

克里斯爸爸　小克里斯　贝拉

咬人的鳄鱼

今天小克里斯的好朋友贝拉来到小克里斯家玩，小克里斯带着贝拉参观自己的乐高作品，并给贝拉做演示。贝拉看着小克里斯的乐高作品。觉得小克里斯好厉害，就问小克里斯：“克里斯，这些都是你自己做的吗？”

小克里斯回答道：“这些都是我爸爸教我做的，但是我做完了，自己都学会了哦。”

贝拉：“你爸爸好厉害啊！”

小克里斯：“那当然，我们一起玩吧。”

于是贝拉就和小克里斯玩起乐高作品来，玩了一会儿之后，贝拉对小克里斯说：“克里斯，你这些玩具做完之后只能一个人玩啊，或者只能看着它自己动，好无聊啊。你有没有那种能两个人一起玩的玩具啊？”

贝拉：“好啊。”

小克里斯想了一下说道：“我这里没有，因为平常就我自己玩。要不我们做一个两个人一起玩的玩具吧，怎么样？”

贝拉：“真的吗？太好了。”

“那我们做什么呢？”

贝拉：“做一个玩具鳄鱼吧，它张着大嘴，我们轮流来按它的牙齿，如果有谁按错了，鳄鱼会立刻把嘴合起来，咬住那个人的手。”

小克里斯：“听起来很好玩啊，我们就做它吧。”

于是小克里斯和贝拉就开始摆弄起乐高积木来，但是搭了一会儿之后，小克里斯说道：“我们好像做不出来，贝拉。”

“那怎么办呢，做不出来我们就没有玩具玩了。”

这时候，房门打开了，原来是克里斯爸爸下班回来了。小克里斯跑过去抱住爸爸说道：“爸爸你回来了，今天工作累吗？”

克里斯爸爸：“不累，你们在干什么呢？”

贝拉走了过来说道：“叔叔，我们想做一个咬人的鳄鱼玩，但是我们做不出来，您有时间的话能帮一下我们吗？”

“当然没问题啦，你们等我一下，我去换一身衣服。”

过了一会儿，克里斯爸爸换好衣服走了过来，贝拉和小克里斯把自己的想法跟克里斯爸爸说了，克里斯爸爸想了一下说道：“嗯，听起来很好玩，想做这个玩具，我们需要学习使用一个新的零件，它叫作触动传感器。”

新知识：触动传感器

触动传感器也可以叫作触觉传感器，能够识别被按压或松开的状态，常用来制作触发装置或检测触碰。

它可以分辨出自己是被按下还是被松开，因此可以用来当鳄鱼的牙齿，当指定的触动传感器检测到自己被按下去的时候，就可以控制嘴巴合起来了。

那我们需要用什么样的程序才能让鳄鱼有感觉呢？这时我们就要用到 EV3 程序里面的新模块了。

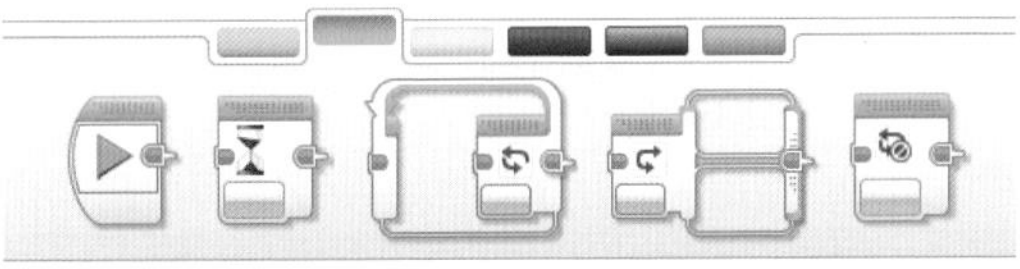

这就是我们要学习的新的模块组“流程控制”，第一个模块是程序开始，第二个模块是等待，第三个模块是循环。我们今天要用的就是第二个和第三个模块。

循环模块很好理解，就是让里面的程序不停重复运行，那么等待模块是做什么的呢？等待模块用于等待设定条件发生。什么是设定条件呢？就用今天我们要做的玩具举例，我们要设定的条件就是触动传感器被按下去。

下面我们找到等待模块中触动传感器的比较状态。

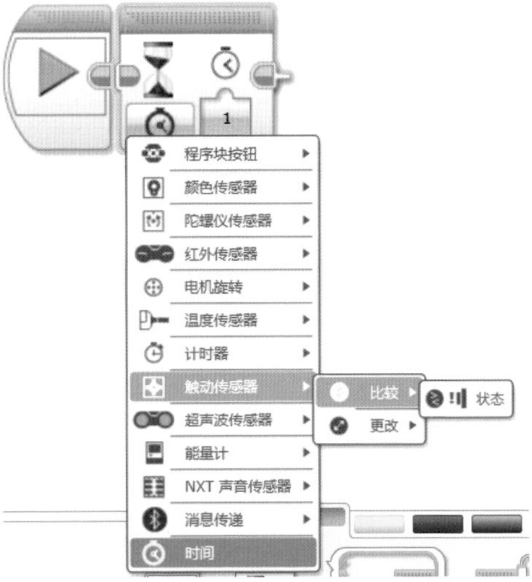

下面我们一起对模块进行设置。

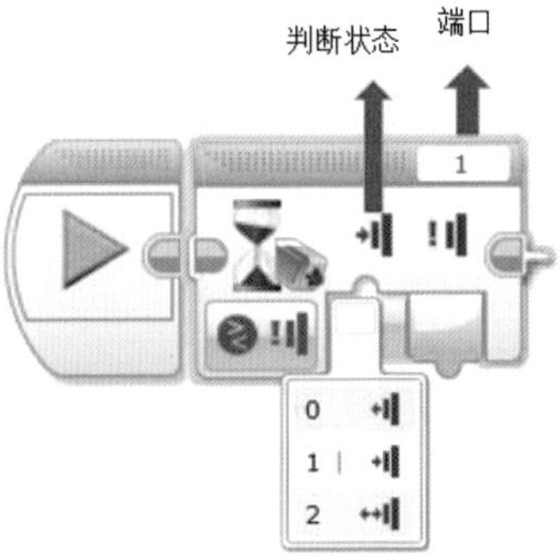

在状态模块右上角端口的位置，我们可以在 1~4 端口之间进行选择，点开判断状态选项可以看到 3 种状态。

0：松开（从按下状态变成松开状态的过程）。

1：按下（从松开状态变成按下状态的过程）。

2：碰撞（从松开状态变成按下状态再变回松开状态的过程）。

今天我们要选择的是 1（按下）这个状态。

认识了触动传感器之后，下面就让我们来进行制作吧。

搭建步骤

“这些就是我们这次要使用的零件了。”克里斯爸爸向小克里斯和贝拉展示着手里的盒子。

01

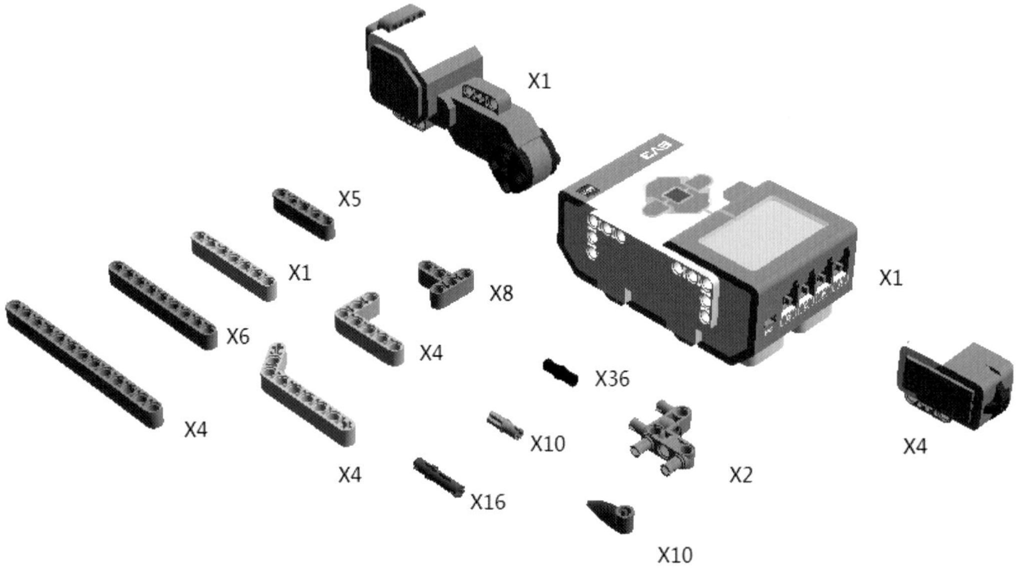

02

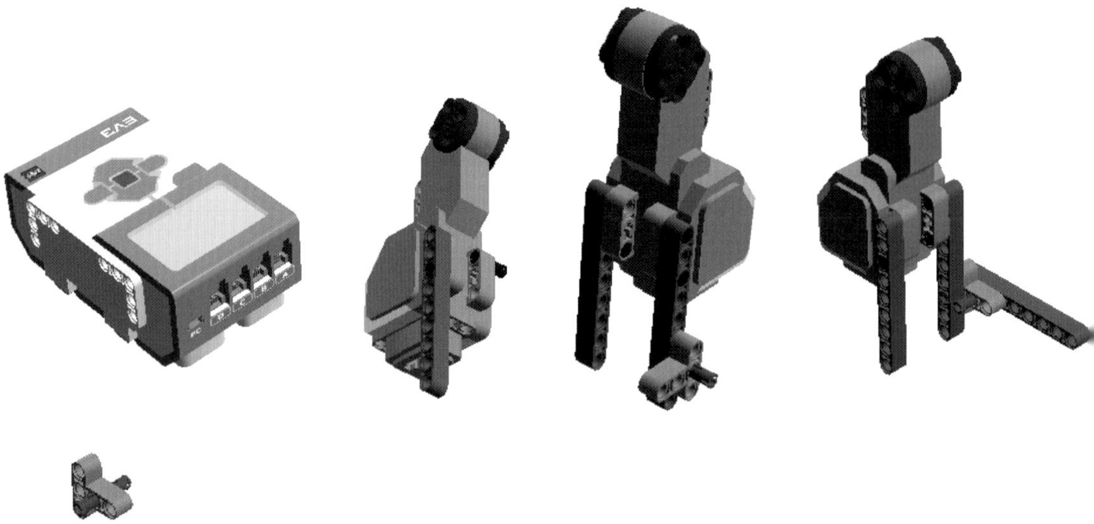

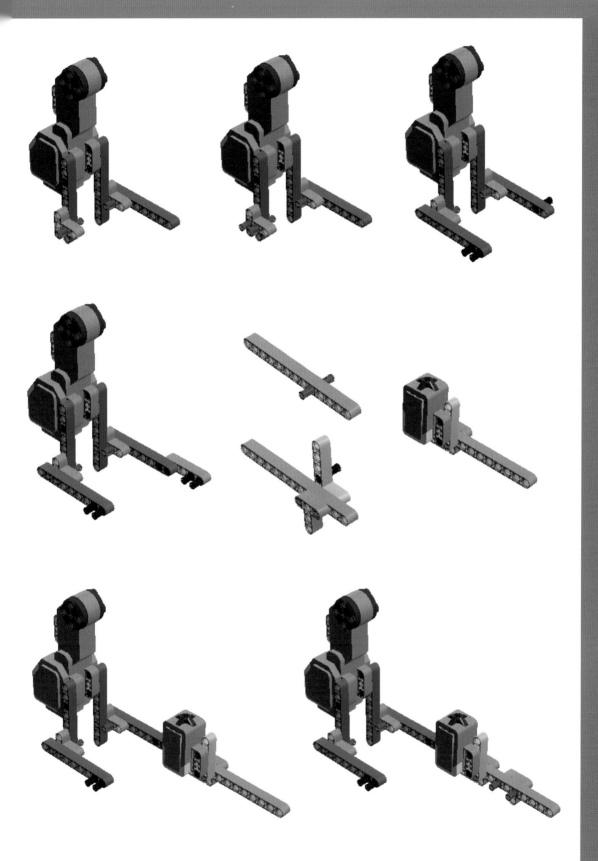

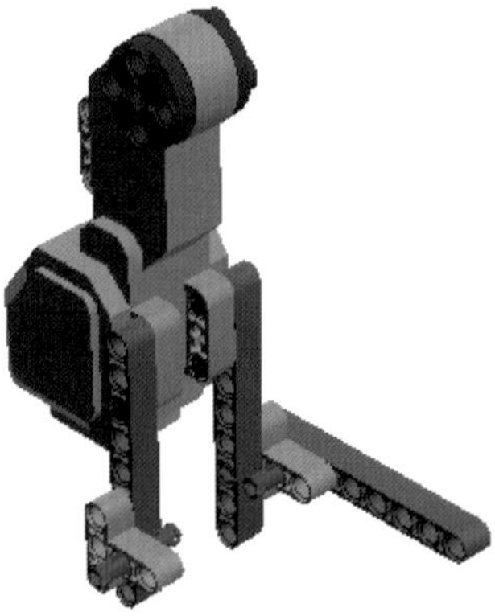
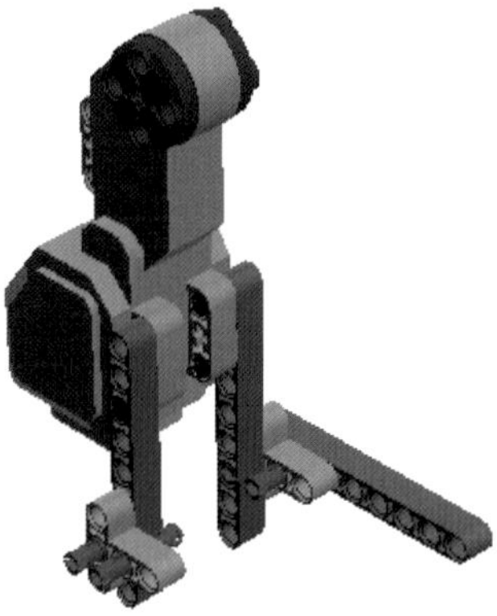
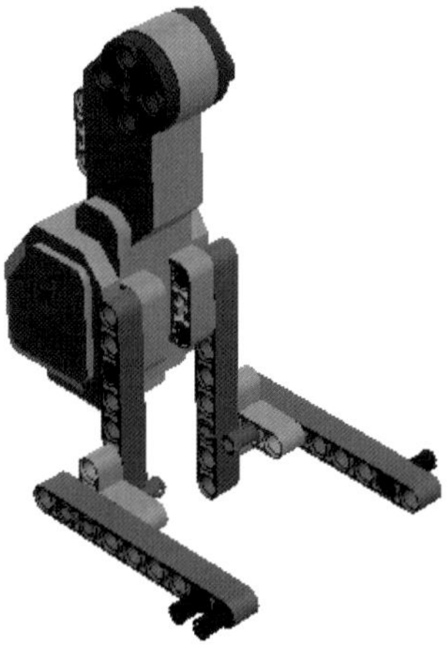
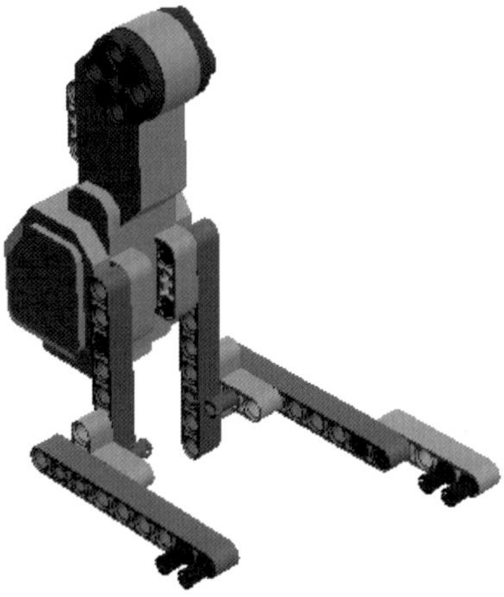
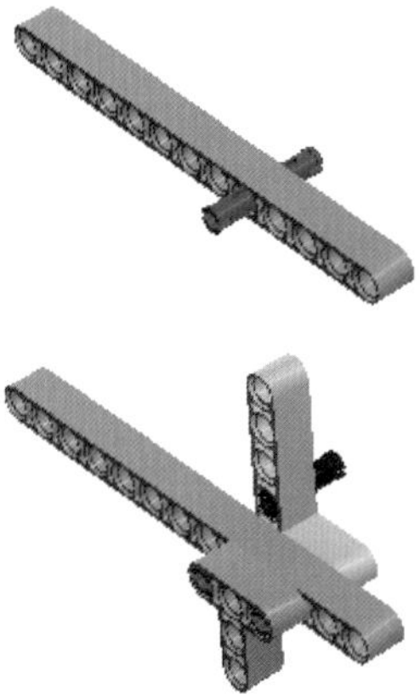

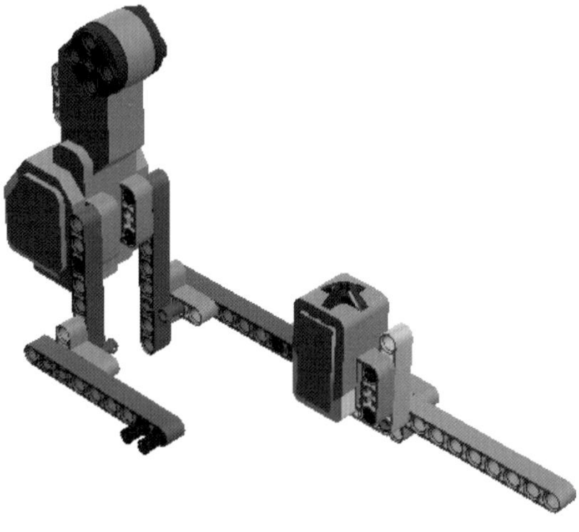
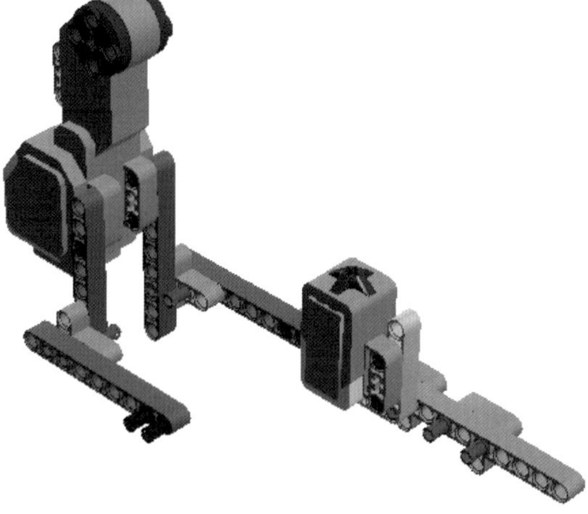

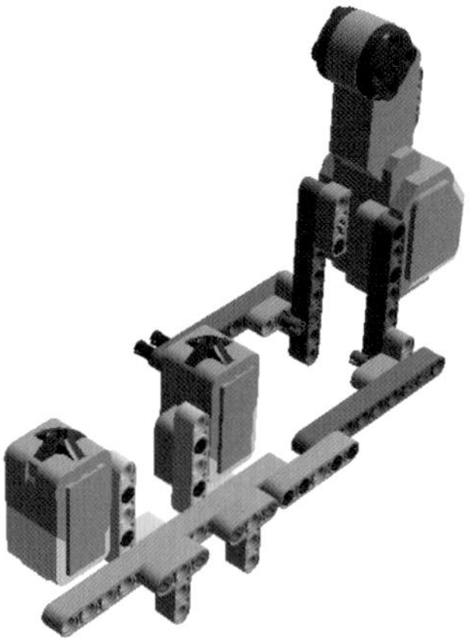

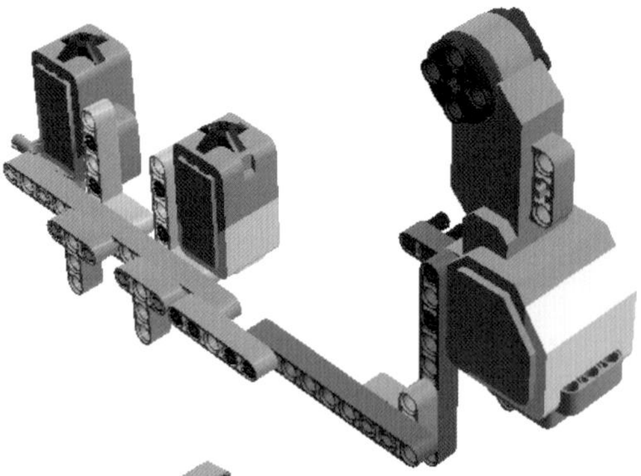

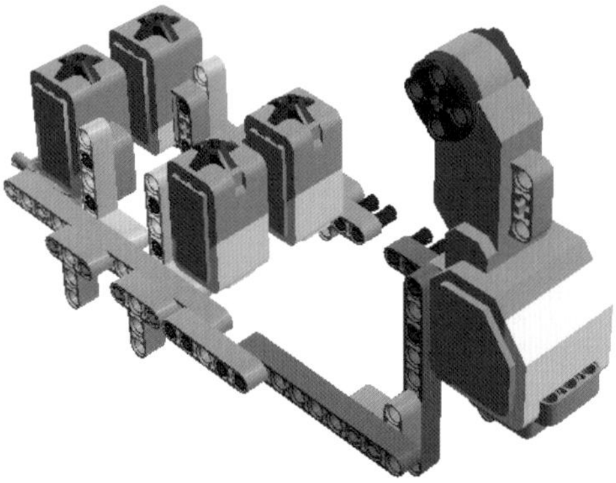

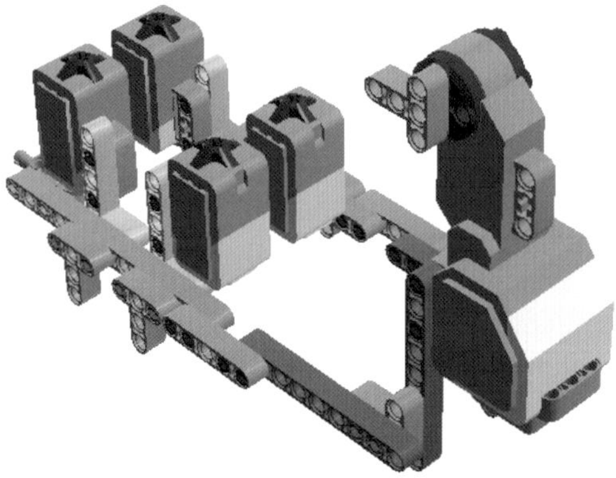

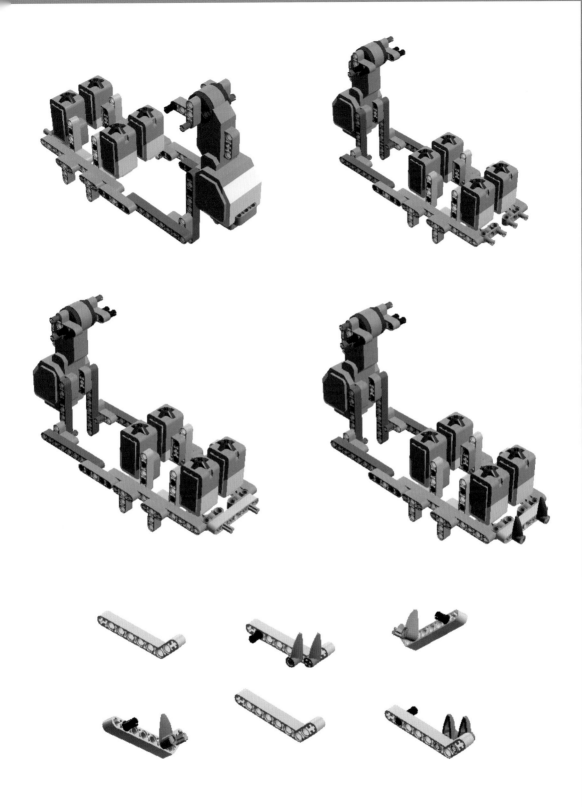

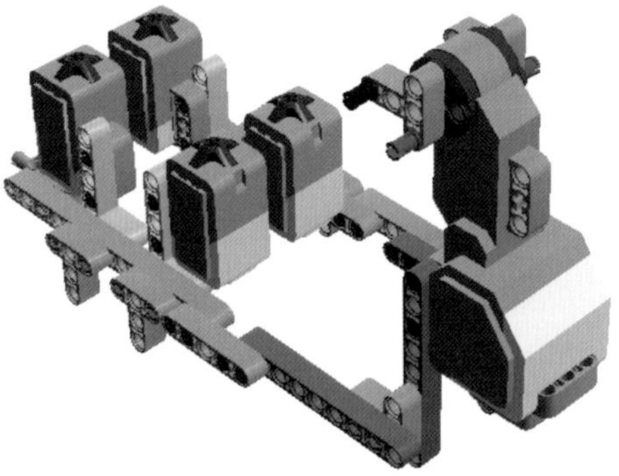
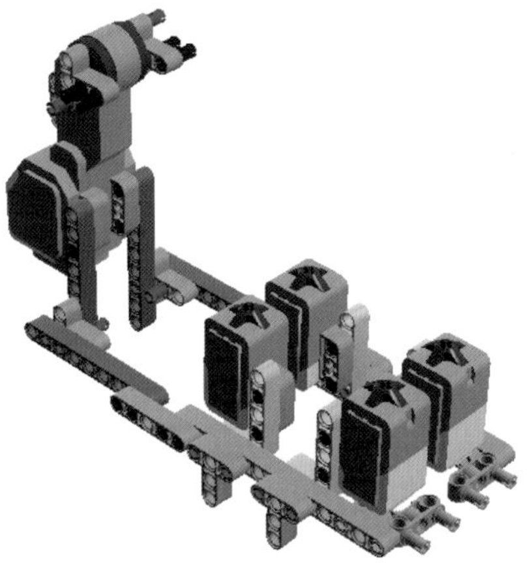
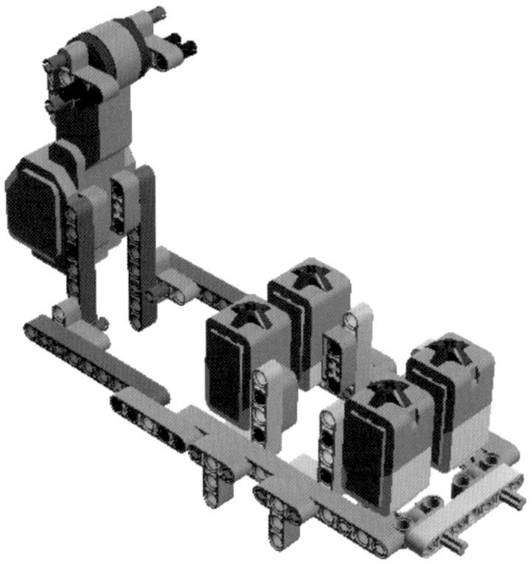
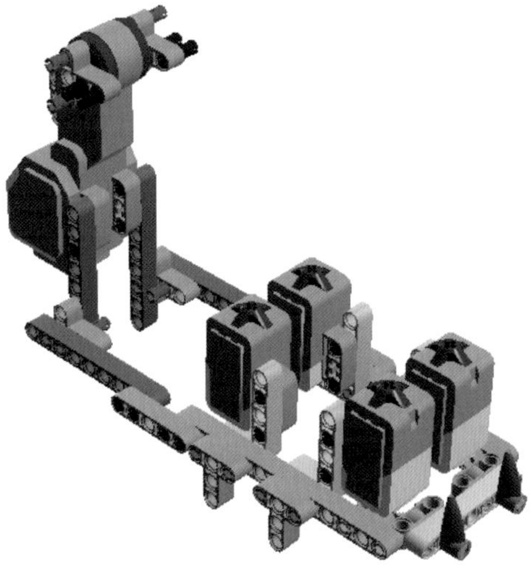
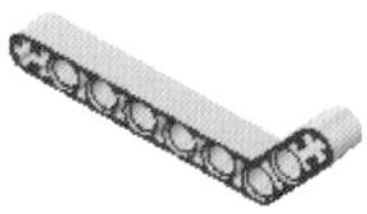
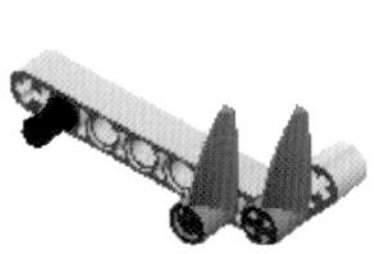
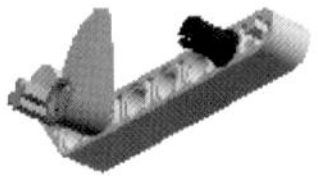

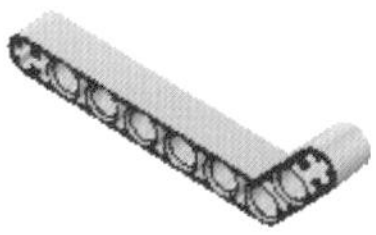

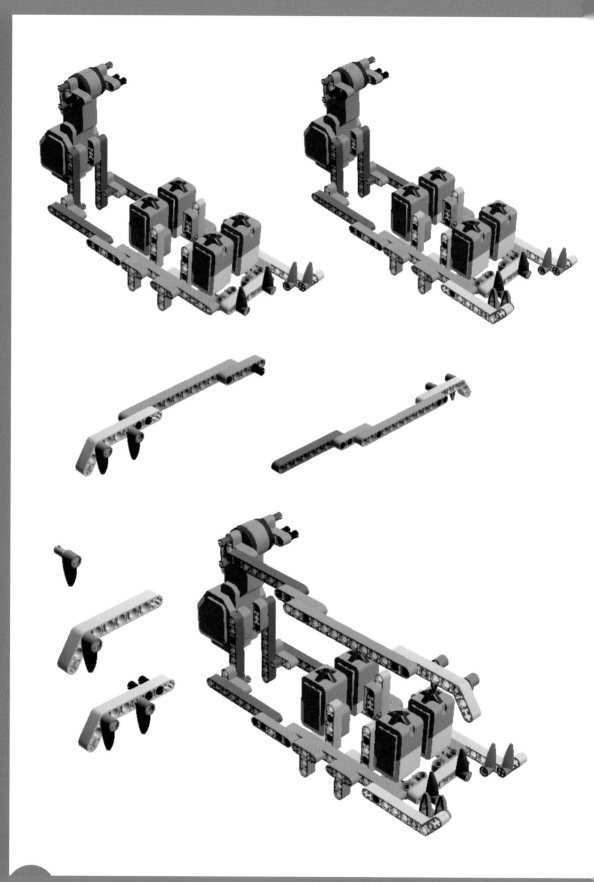

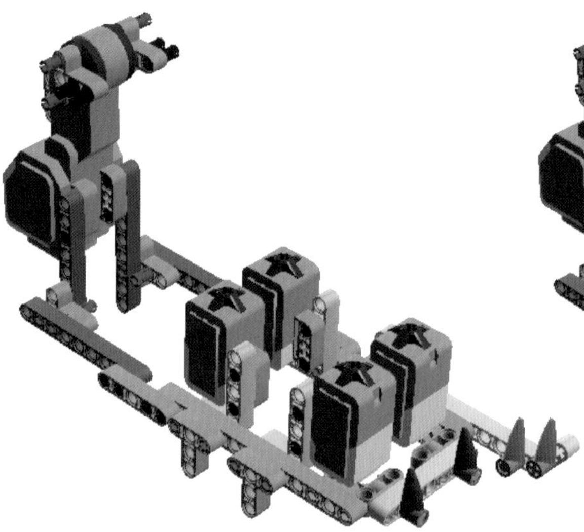

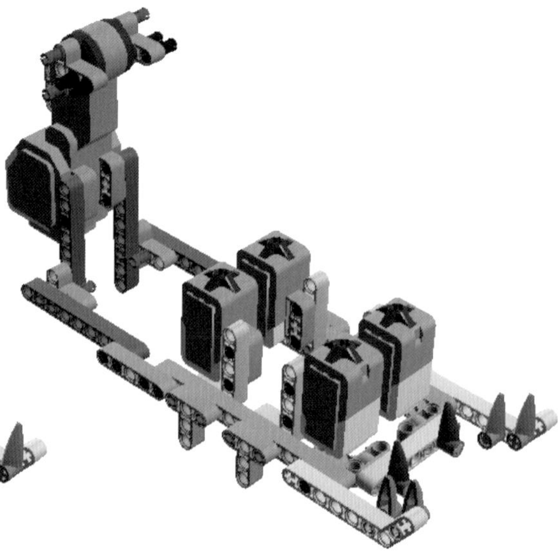

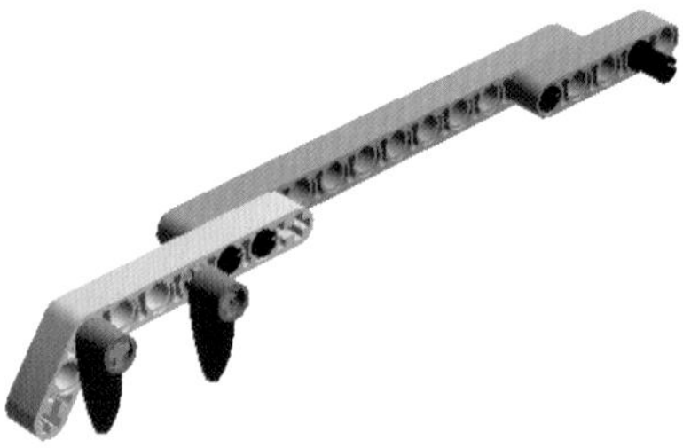

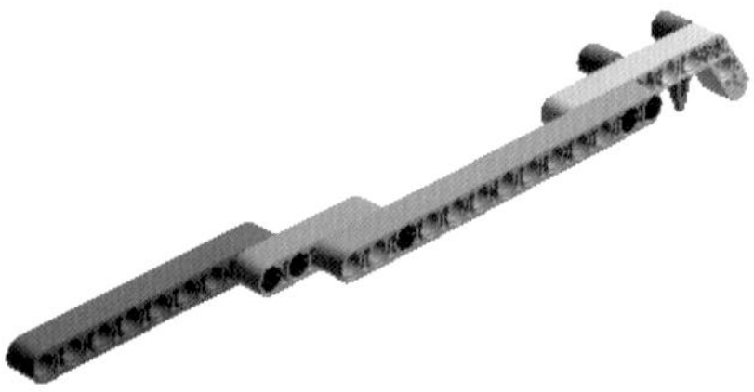

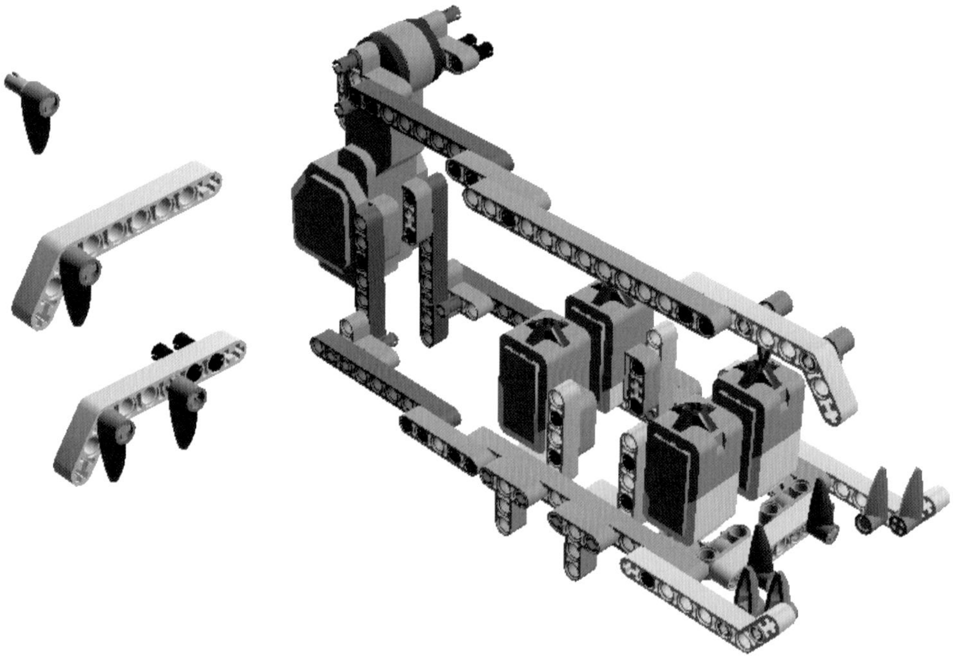

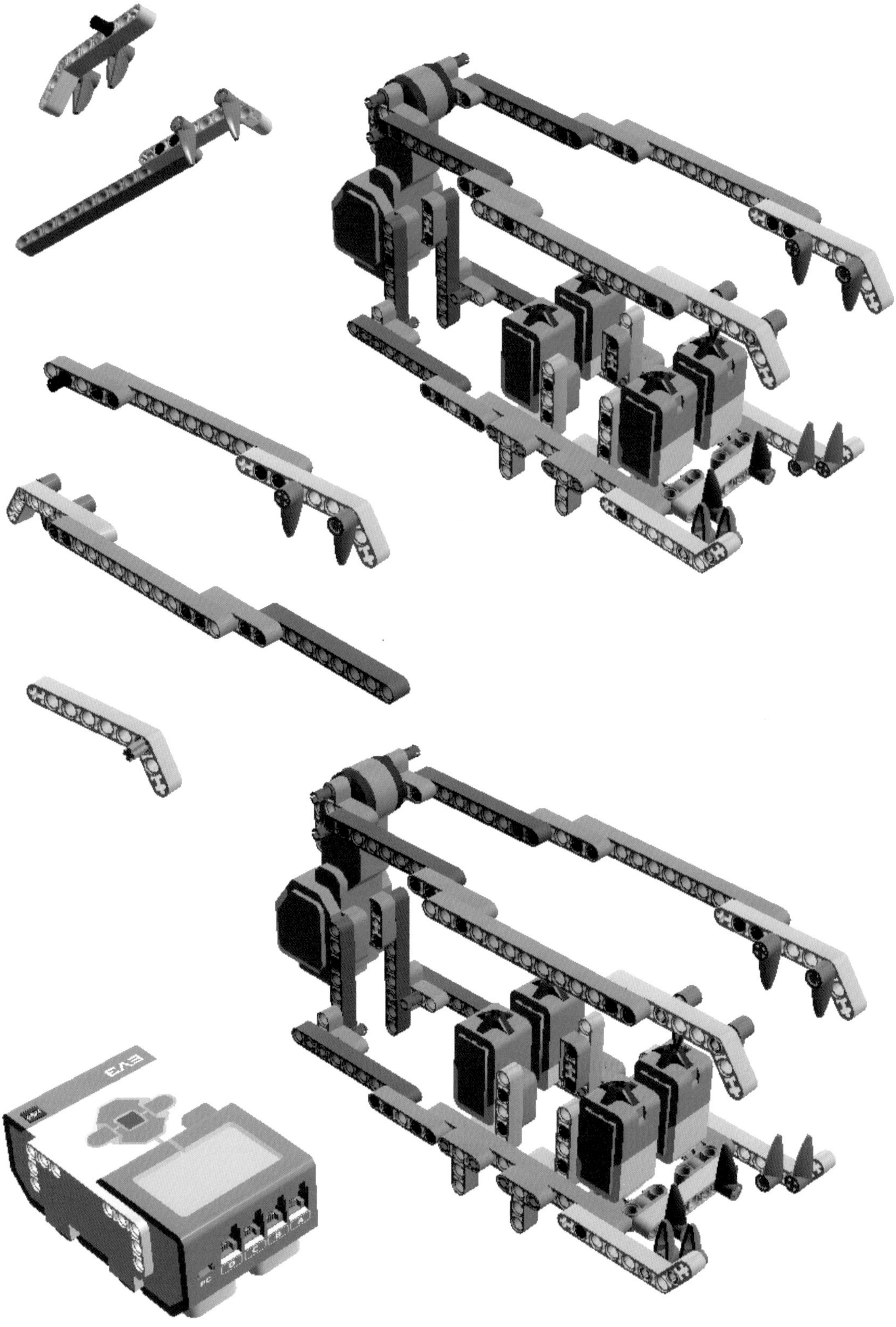

程序示例

克里斯爸爸：“你们看，我们的玩具已经搭建出来啦，下面我们就要编写程序了。你们想一下，在触动传感器检测到被按下的前后，机器人分别有什么动作呢？”

“触动传感器检测到被按下之前，机器人不能动，要一直张开嘴巴！”

“触动传感器检测到被按下之后，机器人要把嘴巴合起来，之后再把嘴巴张开！”

“对，就是这样，你们两个真聪明！”

“程序中，我们只对一个触动传感器进行了编程，剩下的触动传感器我们只需要把线连起来，不让另一个人看到程序，这样他就不知道哪个传感器是被设定的了。但是编程的时候还要注意什么呢？”

“还要注意鳄鱼嘴巴打开和合上的角度。”

“对，就是这样，赶紧去编程吧，贝拉不许偷看哦。”

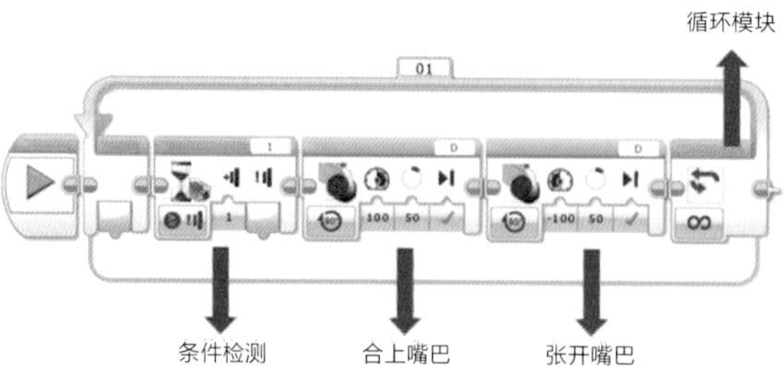

创意想象

小克里斯编完程序，与贝拉开始玩了起来，两个人的笑声不断从屋子里传出来。

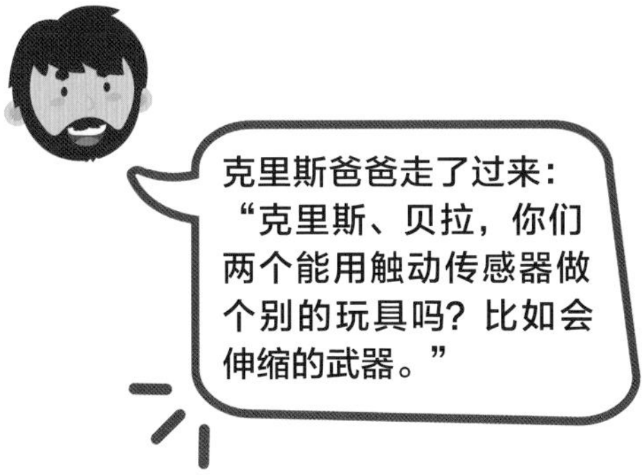

克里斯爸爸走了过来：“克里斯、贝拉，你们两个能用触动传感器做个别的玩具吗？比如会伸缩的武器。”

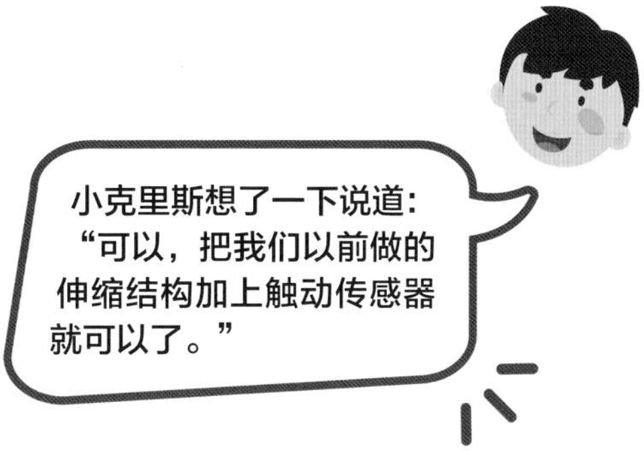

小克里斯想了一下说道：“可以，把我们以前做的伸缩结构加上触动传感器就可以了。”

小朋友们，你们能够把伸缩结构和触动传感器结合起来做成新的作品吗？一起来试试吧！

魔法小车

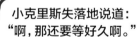

“哇，好厉害啊！”克里斯爸爸刚打开门就听到了小克里斯快乐的呼喊声。克里斯爸爸走过去，原来小克里斯正在看魔术节目。这时小克里斯发现爸爸回来了，跑上前去说：“爸爸，魔术师好厉害、好神奇啊，他们是不是真会魔法啊？”

克里斯爸爸摸了摸小克里斯的头说：“不是的，他们是会魔法。魔术是魔术师使用各种道具来完成的。”

“那为什么我完全看不出来呢？”小克里斯抬头问道。

克里斯爸爸回答道：“那是因为魔术师的手法很厉害啊，可以在很短的时间内利用道具变出各种东西，当然这些东西都是提前在道具里放好的。”

“哦哦，原来是这样啊，好厉害啊，我长大也想当魔术师！”

“可以啊，但是那要等你长大了以后才行。”

小克里斯失落地说道：“啊，那还要等好久啊。”

克里斯爸爸发现小克里斯有点失落，于是想了一下说道：“开心点，宝贝儿，虽然真正的魔术需要你长大了才能学，但是今天爸爸可以教你一个小魔术，你可以上学时表演给同学看。”

小克里斯抬头看着爸爸：“真的吗爸爸，那太好了。”
“当然是真的，学这个魔术之前，我们要先用乐高积木做一个道具，快去把乐高积木拿过来吧。”
小克里斯高兴地跑过去把乐高积木拿了过来，对爸爸说道：“我们快开始吧。”
“今天我要教你做一辆魔法小车，当你的手推向它时，它就会后退；当你的手远离它时，它就会向你跑来。”
“这么神奇啊，那我们要怎么做呢？”
“这次就需要用到超声波传感器了，下面我们来看一下超声波传感器吧。”

新知识：超声波传感器

超声波传感器是用来测量距离的传感器，就像声呐一样。乐高的超声波传感器就是下图所示这个样子的。

它可以从一只“眼睛”中发射超声波，由另一只“眼睛”来接收被障碍物反射的超声波，而声速是已知的，这样再通过 EV3 计算就能够知道距离前面的障碍物有多远了。上次我们学过的等待模块只能进行一种判断，但是今天我们需要判断两种动作，这就需要用到一个新的编程模块——切换模块了。

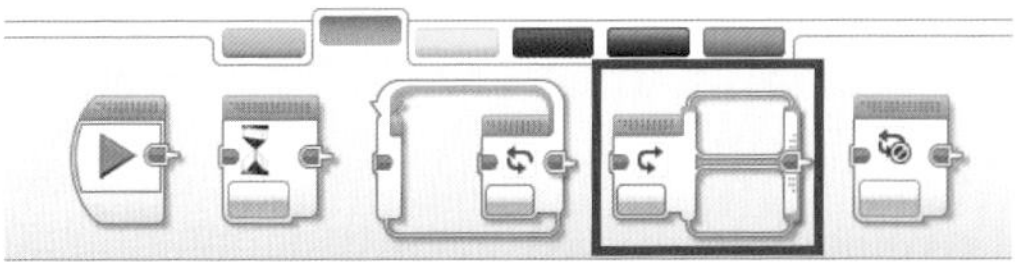

上图中被红色框框起来的就是切换模块了，它可以根据设定条件在两种状态之间进行切换。

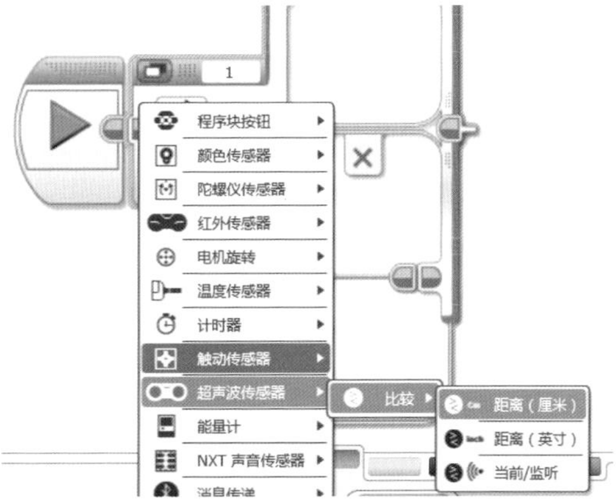

我们把模块设置为超声波传感器→比较→距离（厘米）的状态。

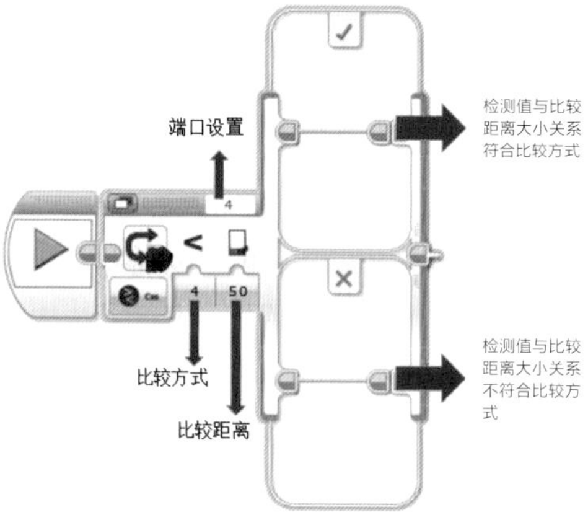

我们可以在端口设置的地方选择要连接的端口。下面“<”位置可以设定检测值与比较距离的比较方式，一共有6种方式可以进行选择，这里选的“<”代表“小于”。比较距离就是我们需要的距离了，我们可以选择3~255cm。后面带“√”的分支代表了“检测值与比较距离大小关系符合比较方式的状态”，带“×”的分支代表了“检测值与比较距离大小关系不符合比较方式的状态”。

搭建步骤

01

克里斯爸爸将乐高积木拿了出来：“这些就是我们这次所需要使用的积木了。”

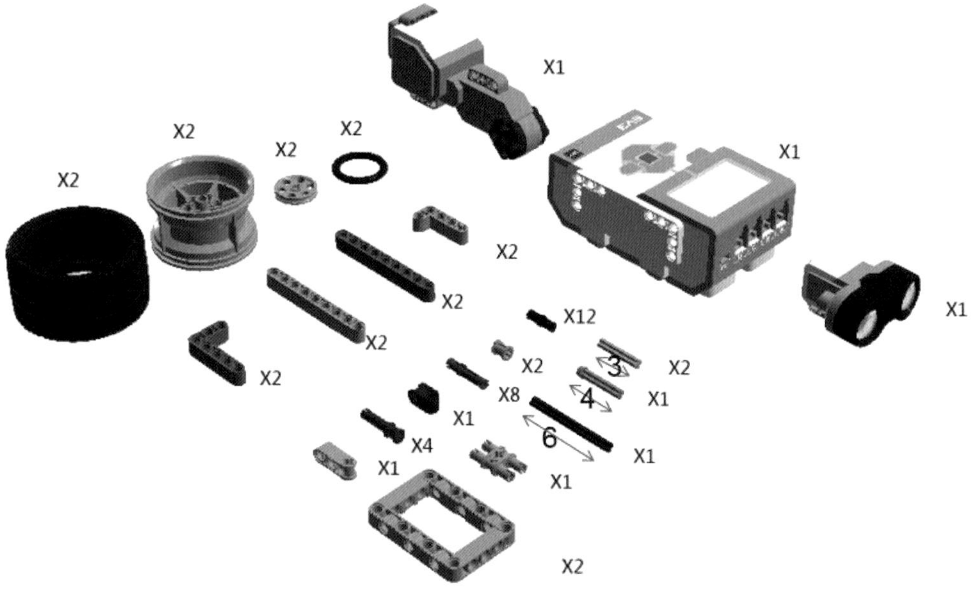

02

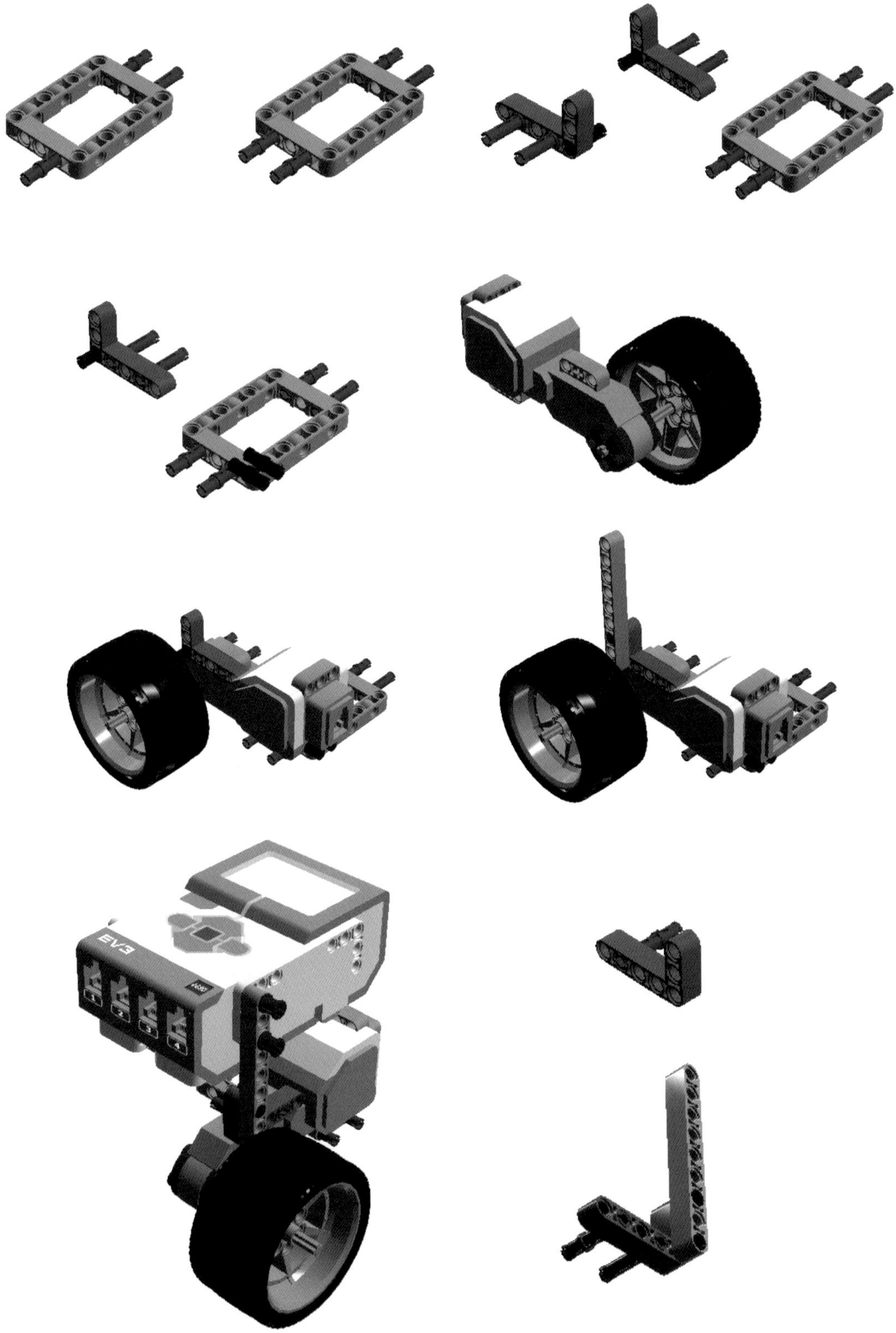

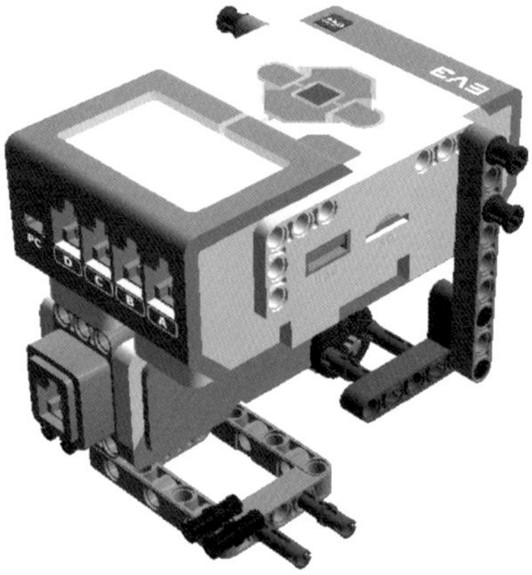

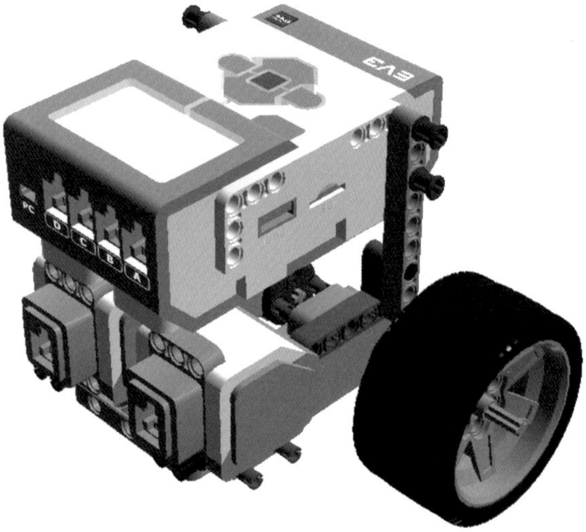

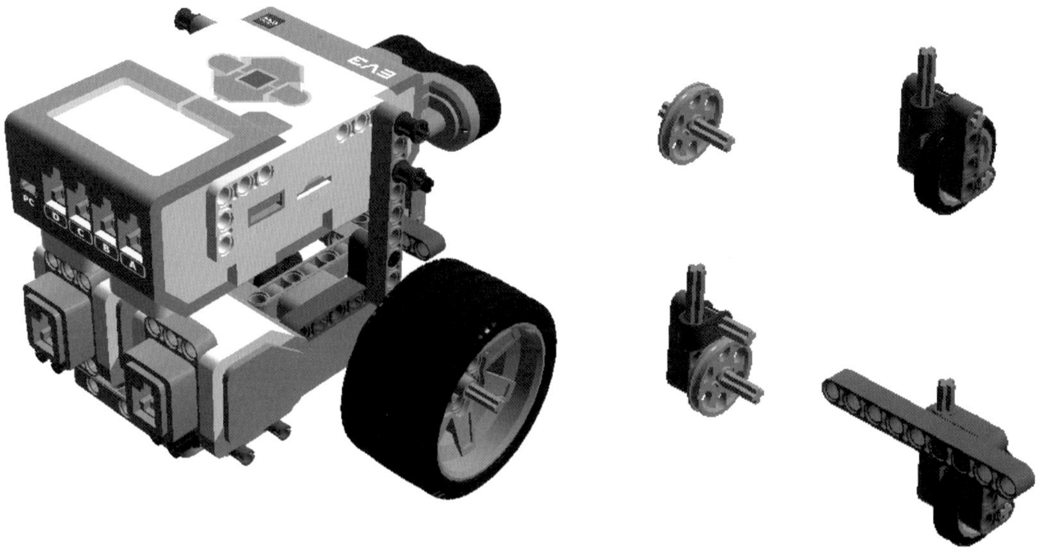

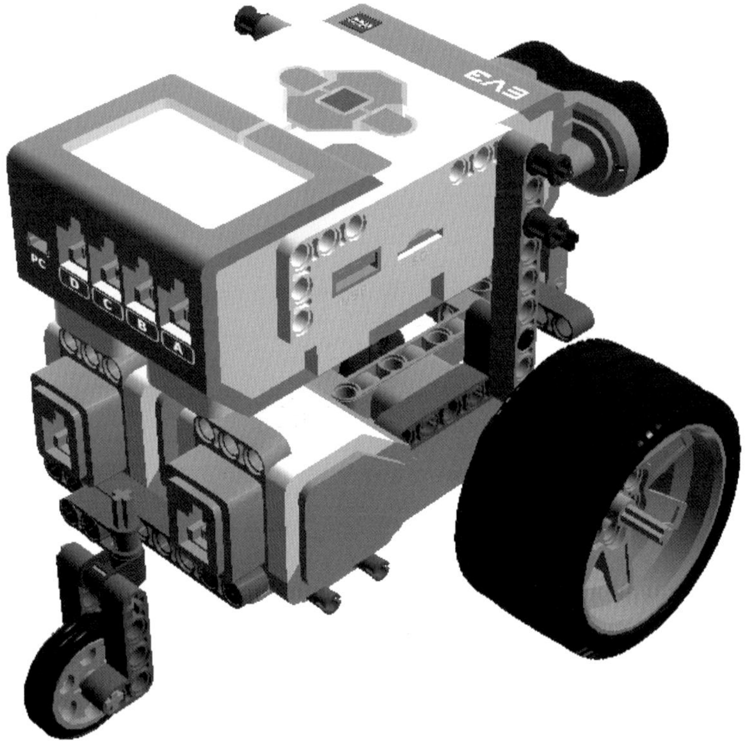

程序示例

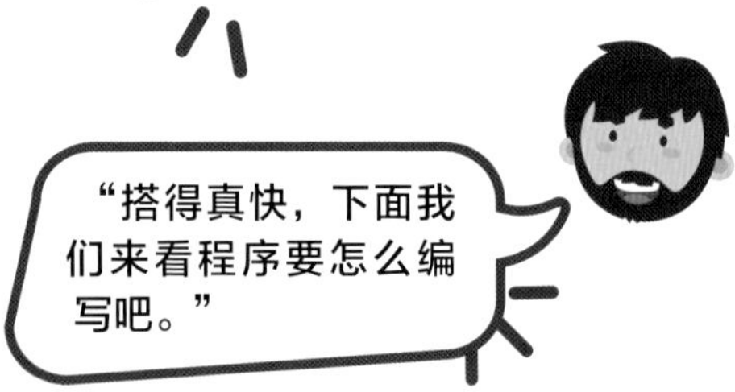

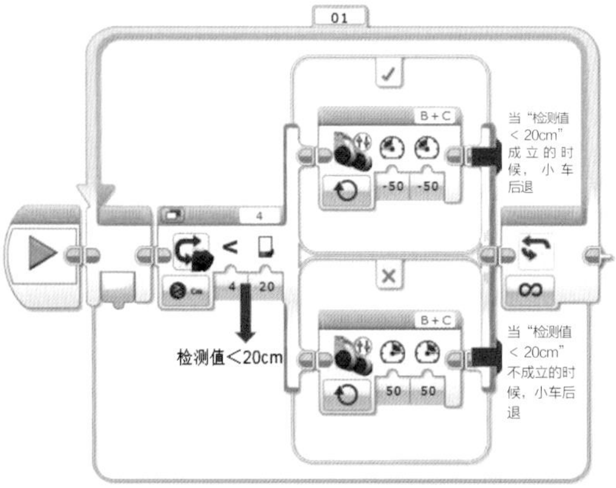

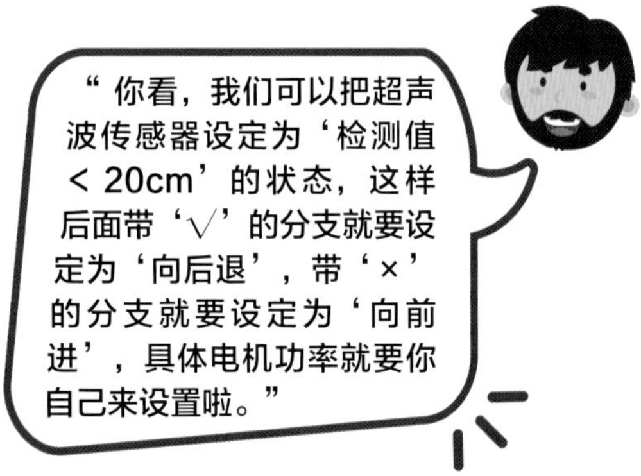

“爸爸，我搭完了，我们来编程吧！”

“搭得真快，下面我们来看程序要怎么编写吧。”

当“检测值＜20cm”成立的时候，小车后退

检测值＜20cm

当“检测值＜20cm”不成立的时候，小车后退

“你看，我们可以把超声波传感器设定为‘检测值＜20cm’的状态，这样后面带‘√’的分支就要设定为‘向后退’，带‘×’的分支就要设定为‘向前进’，具体电机功率就要你自己来设置啦。”

小克里斯思考了一下说道：“嗯嗯，我知道了爸爸，我去试试啦。”

创意想象

小克里斯没用多长时间就把程序编好了，于是就把爸爸叫了过来要向爸爸展示一下劳动成果。

当小克里斯把手向小车靠近，距离小车不足 20cm 的时候，小车开始后退；当手远离小车，距离超过 20cm 的时候，小车开始前进。

小克里斯高兴地说道：“爸爸，我成功了！我厉害吗？”

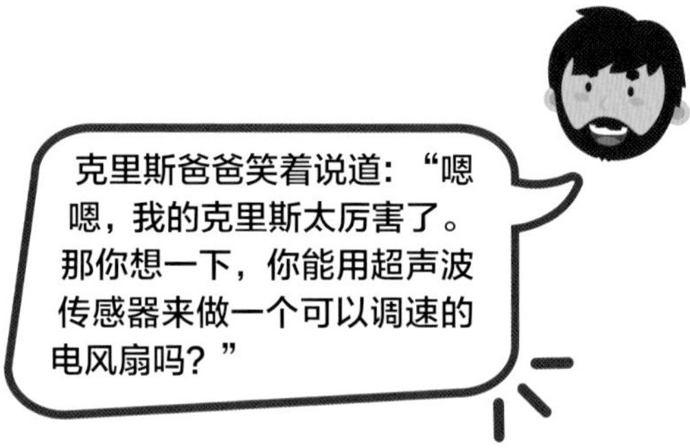

克里斯爸爸笑着说道：“嗯嗯，我的克里斯太厉害了。那你想一下，你能用超声波传感器来做一个可以调速的电风扇吗？”

“我试一下，应该可以做出来。”

小朋友们，你们还在等什么呢，一起和小克里斯来尝试一下吧。

挑食的小狗

克里斯爸爸　小克里斯　动物园工作人员

今天克里斯爸爸带着小克里斯去了动物园，在动物园中，小克里斯看到了各种各样的小动物，他非常高兴。突然，小克里斯发现，有一只小狗趴在地上一动不动。

“爸爸，你看那只小狗，为什么趴在那里一动不动啊？”小克里斯对克里斯爸爸说。

克里斯爸爸看了看，也觉得很奇怪：“今天天气很好，也许它不舒服吧，我们可以去问问工作人员。”于是克里斯爸爸带着小克里斯找到了动物园的工作人员。

小克里斯指了指那只趴在地上的小狗，非常有礼貌地问道：“叔叔，您好，为什么那只小狗趴在那里一动不动，跟其他的小狗不一样啊？”

工作人员顺着小克里斯的手指望去：“原来你说的是小白啊，它最近挑食，不好好吃饭，所以没有力气玩了。”

小克里斯若有所思地说：“小狗也会挑食，我还以为它们什么都吃呢。”

“当然不是这样的，小狗也有自己喜欢吃和不喜欢吃的食物呢。”

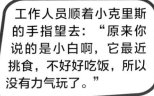

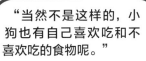

小克里斯看着小狗说：“看来挑食真的对身体不好，爸爸，用乐高积木做的小狗，也会挑食了吗？”

“这个想法好，一会儿我们回家，也做一个挑食乐高的小狗好不好？”
“好啊，好啊，它就会提醒我要好好吃饭了。”
回到家后，小克里斯把乐高积木放在爸爸面前：“爸爸，乐高小狗要怎样才能分辨食物呢？”
爸爸拿出了一个小克里斯从来没用过的零件说：“就靠它了！”
小克里斯说：“这个零件长得好奇怪啊，上面还有个小眼睛，是做什么的呢？”
“这是颜色传感器，有了它，我们的乐高小狗就能分辨食物了。”

新知识：颜色传感器

“颜色传感器的功能很丰富，它可以检测到进入传感器表面小窗口的颜色或光强度。颜色传感器有 3 种模式：颜色模式、反射光强度模式和环境光强度模式。”
“我们做的挑食的小狗会用到颜色模式，对不对？”小克里斯兴奋地问道。
“对的，我们用乐高积木搭出各种颜色的食物，小狗在看到以后，就可以判断喜欢不喜欢吃了。”

今天我们还是要使用切换模块，我们要选择颜色传感器→测量→颜色。

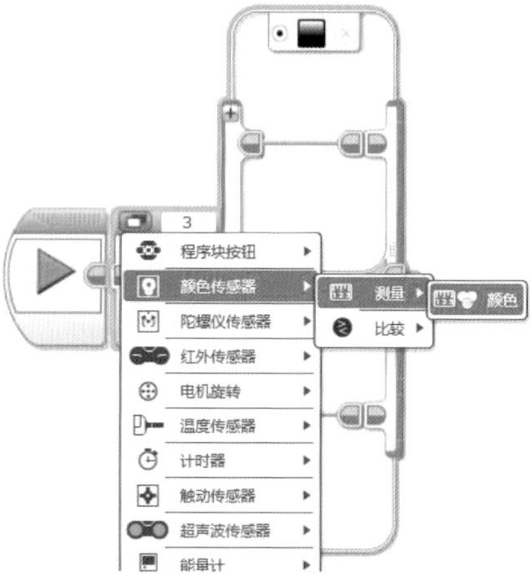

在这个模块中，我们可以有很多颜色的选择，就像下图中所示一样。

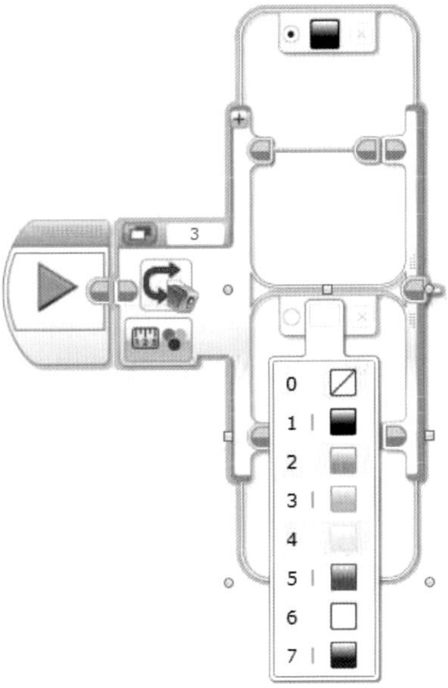

这个模块可以添加很多种分支判断，那具体怎么添加呢？让我们来看下面这张图片。

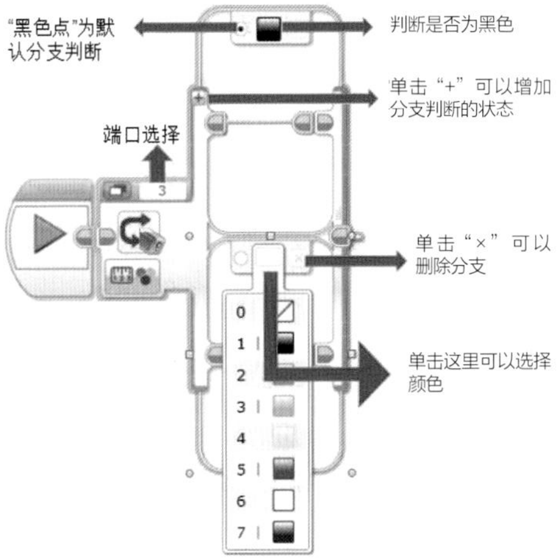

现在我们了解了颜色传感器的使用方法，下面我们开始搭机器狗吧！

搭建步骤

“这些就是我们这次需要使用的零件了。”克里斯爸爸将零件逐一拿了出来。

01

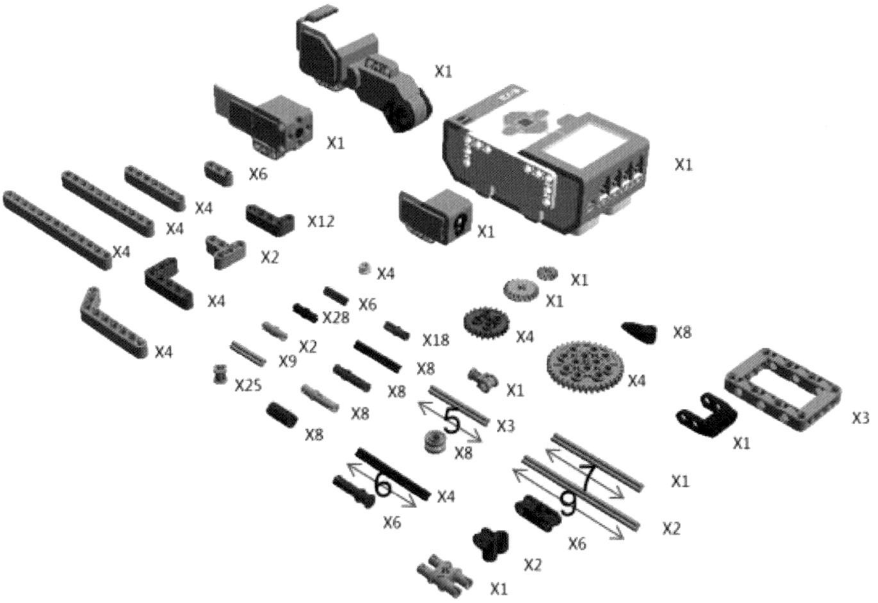

02

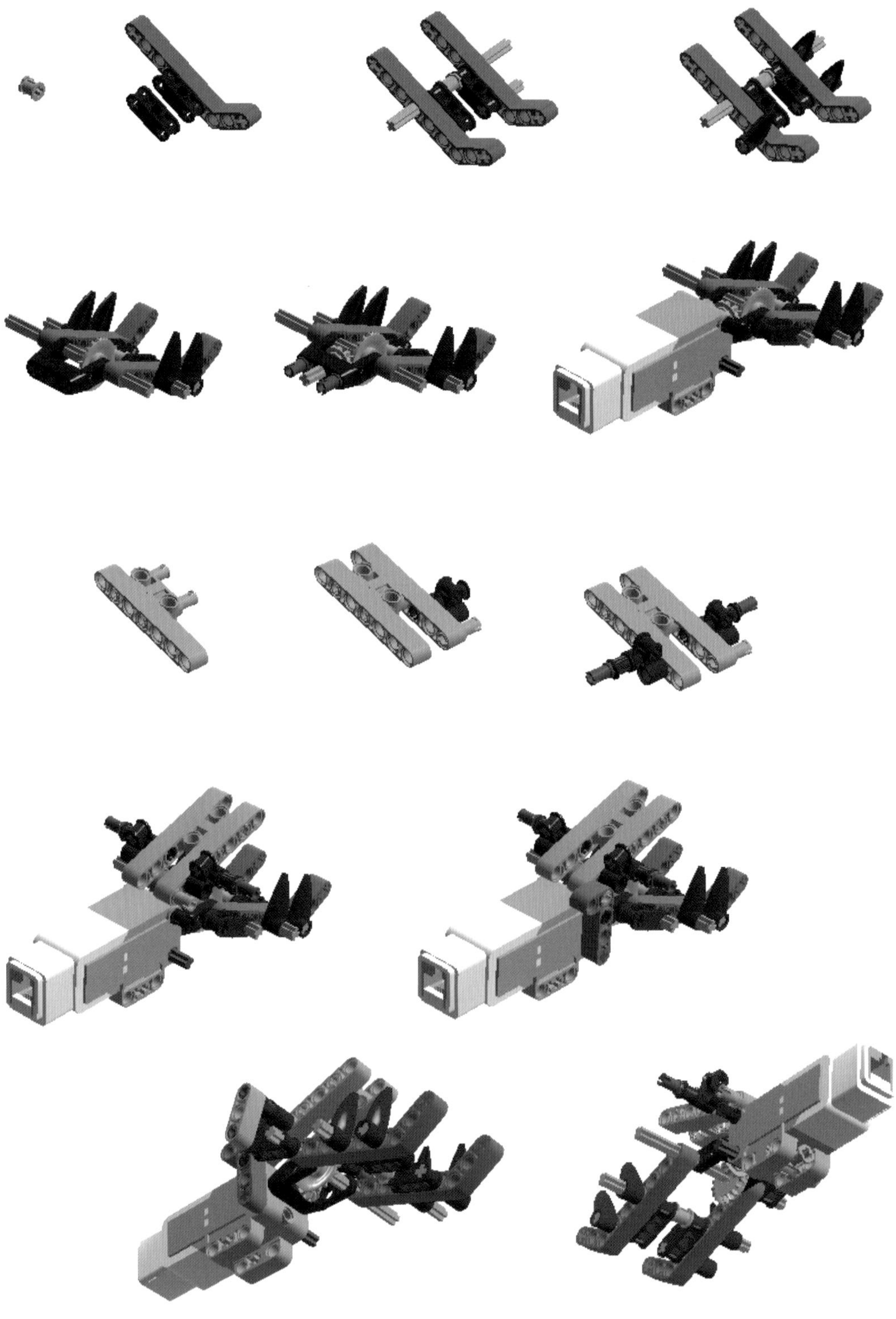

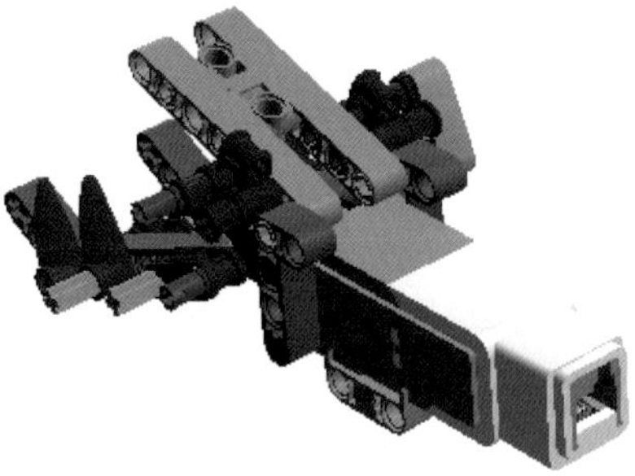
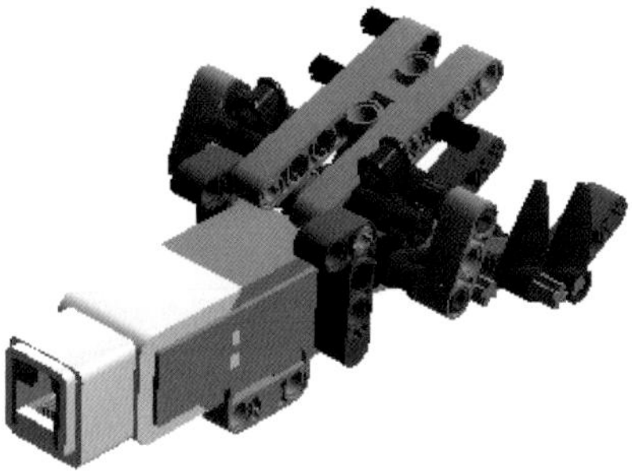
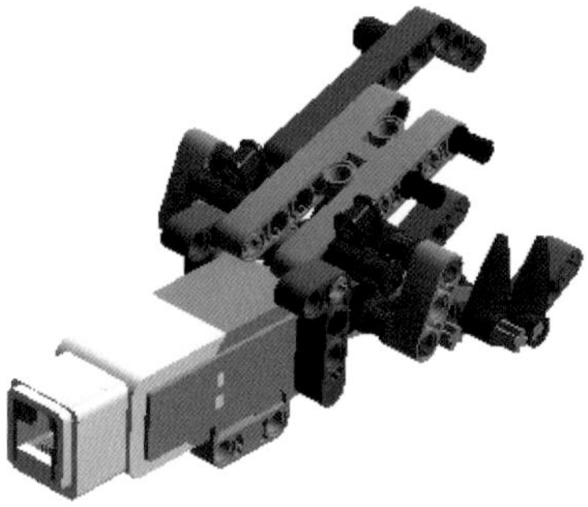
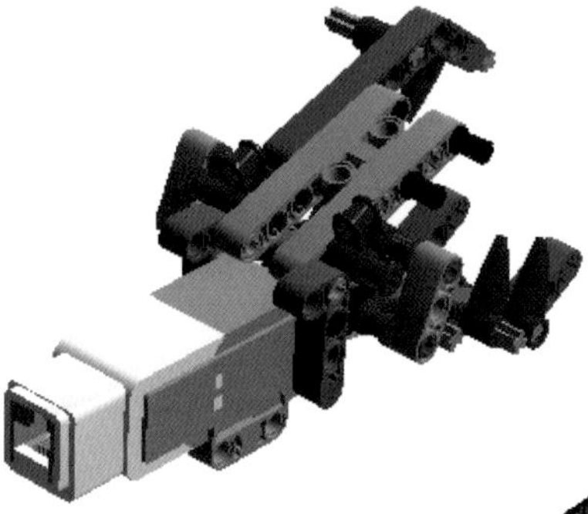

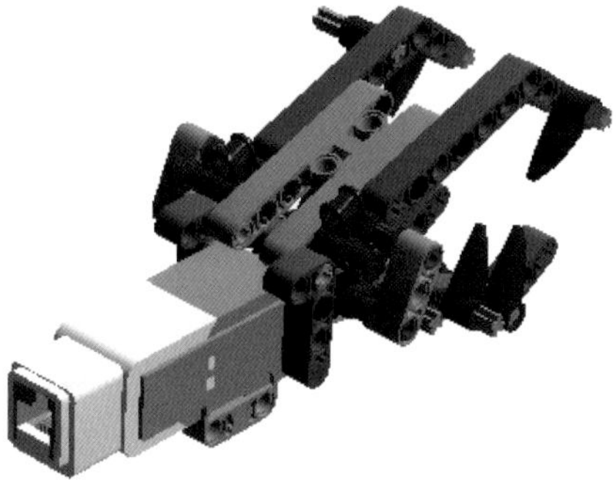
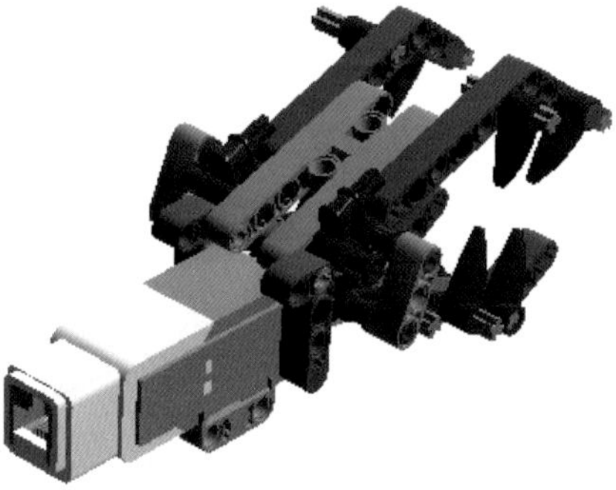
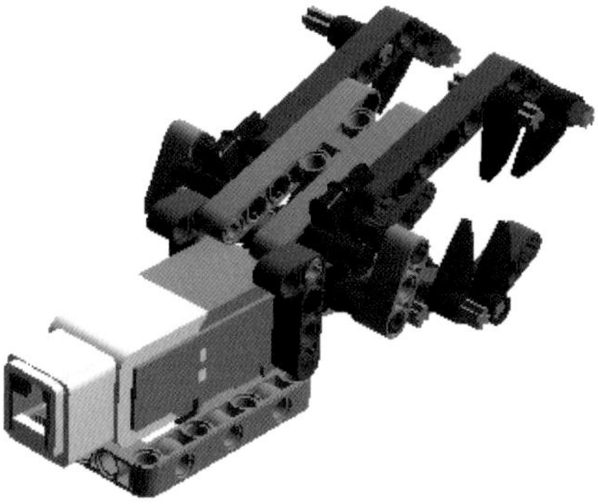

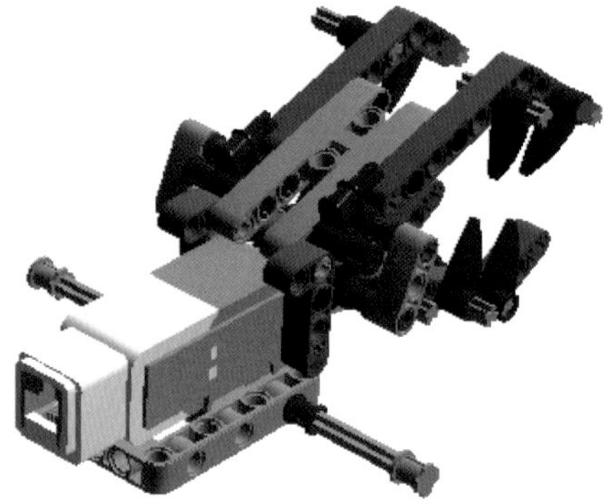

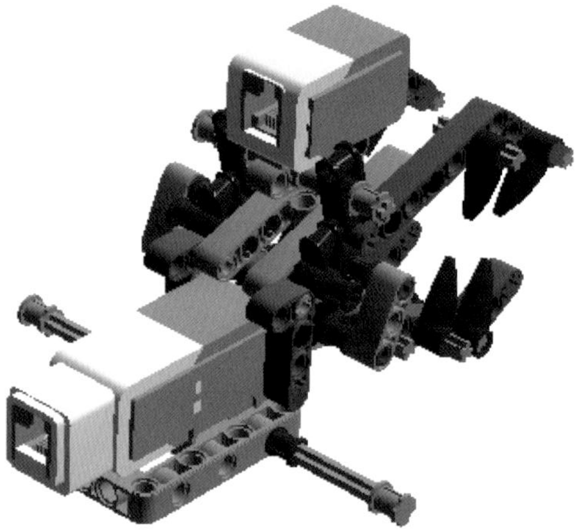

EV3

EV3

EV3

EV3

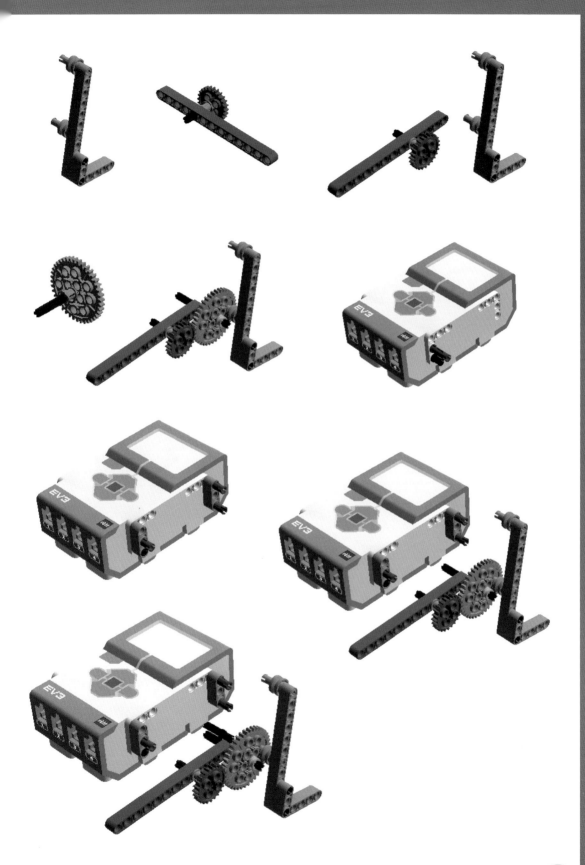

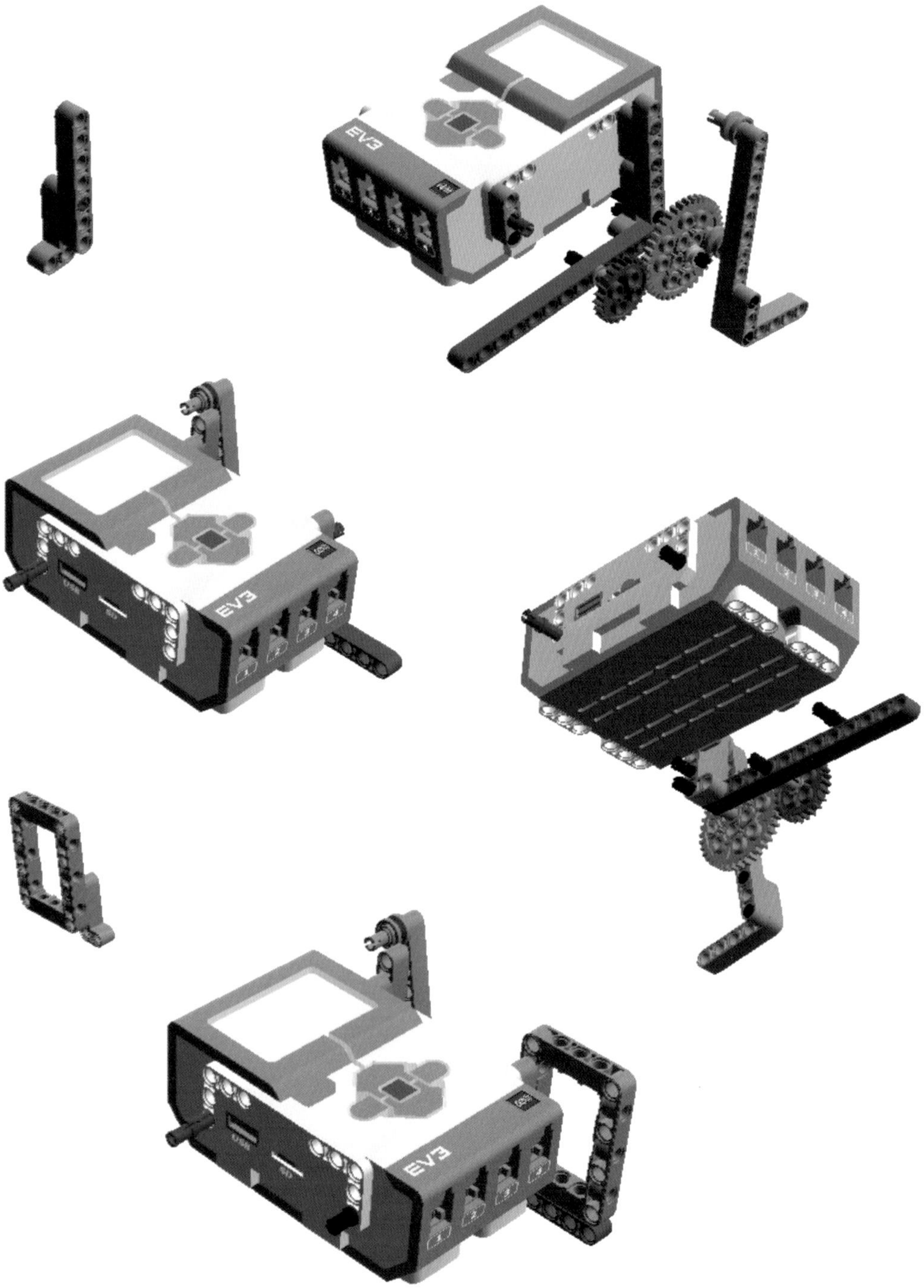

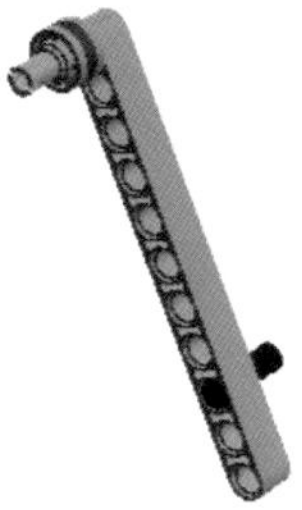

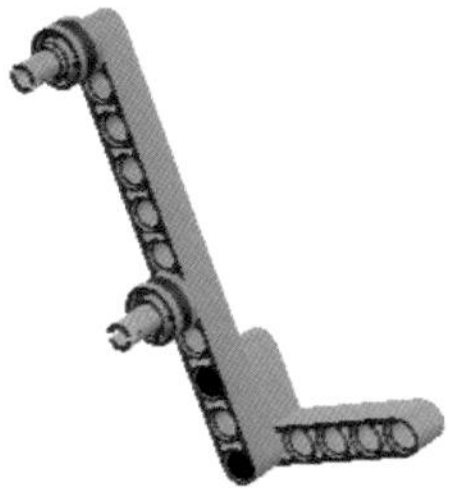

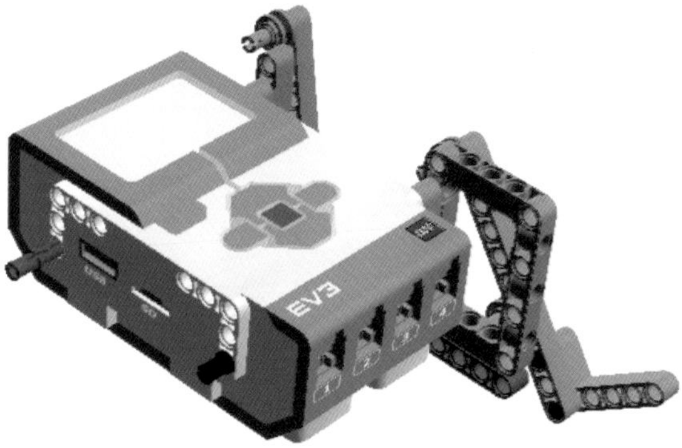
EV3

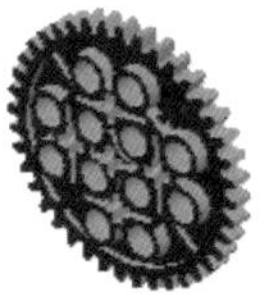

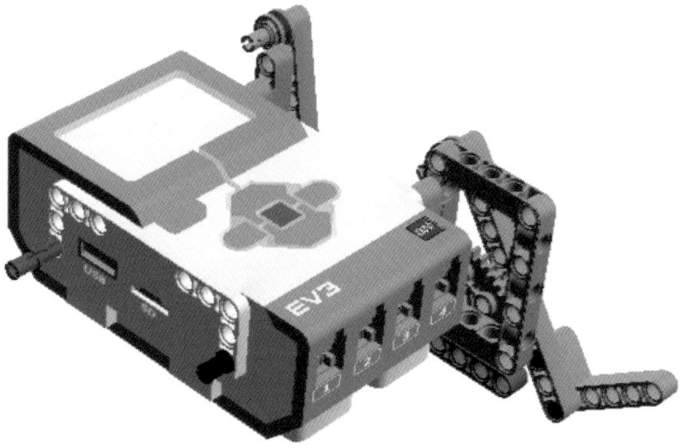
EV3

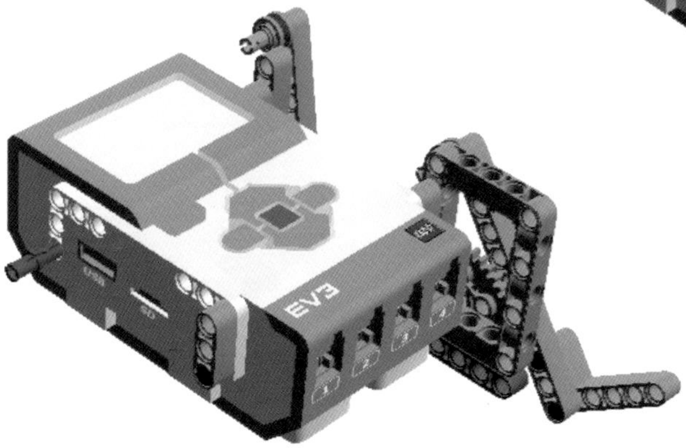
EV3

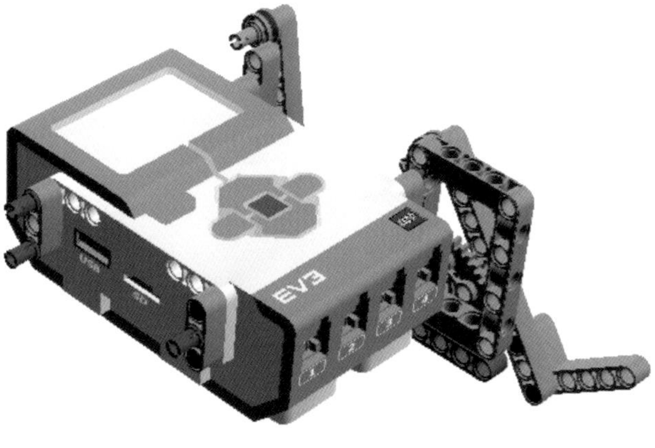
EV3

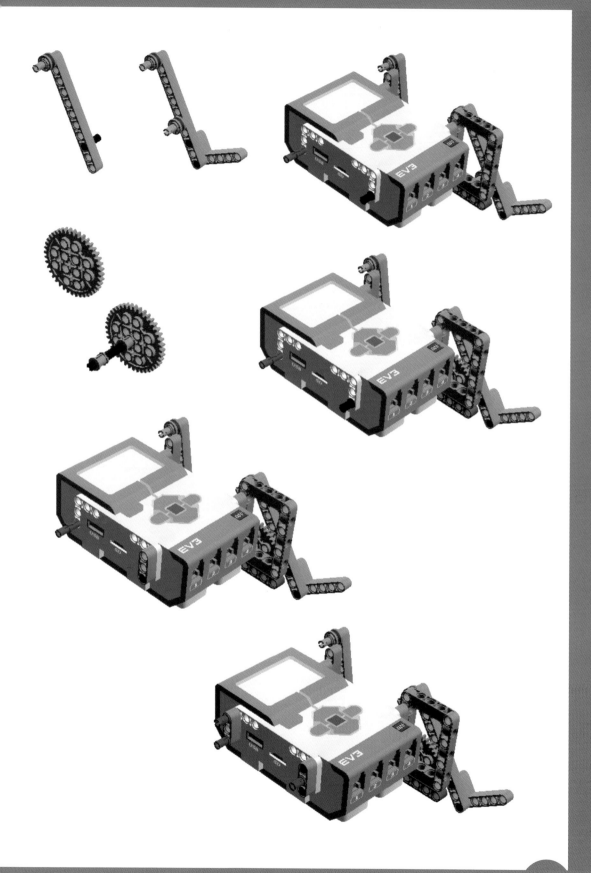

03

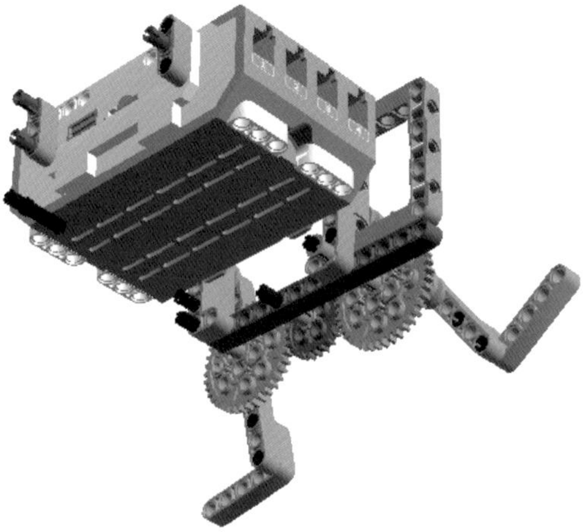

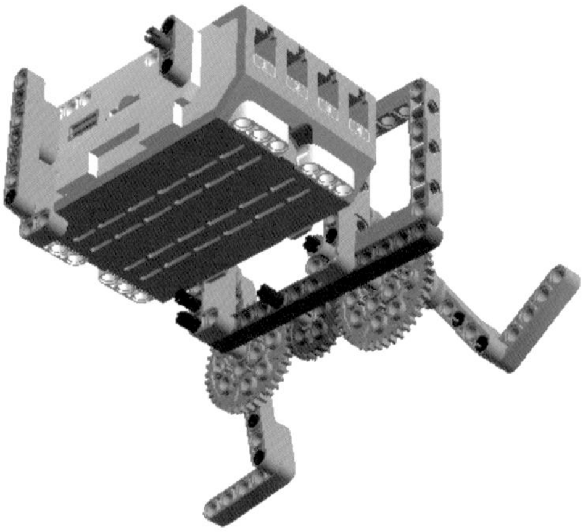

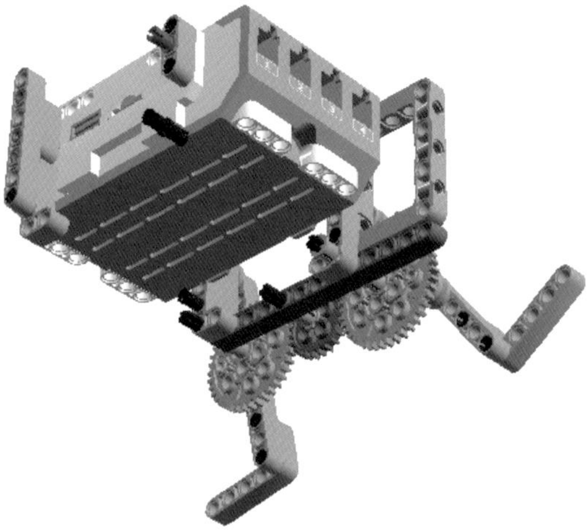

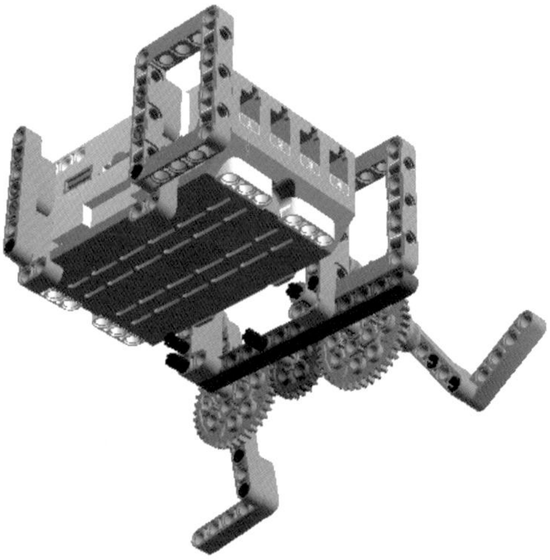

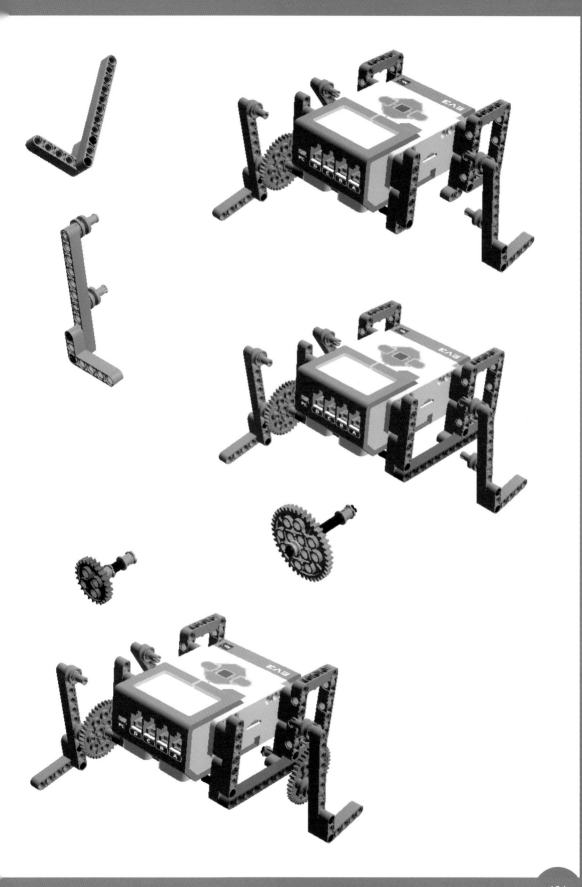

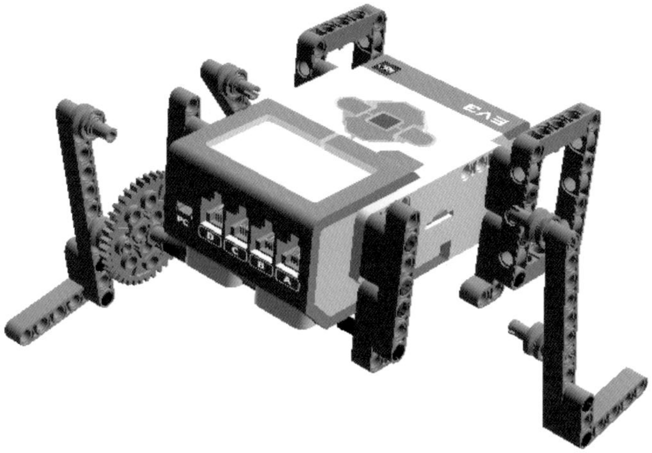

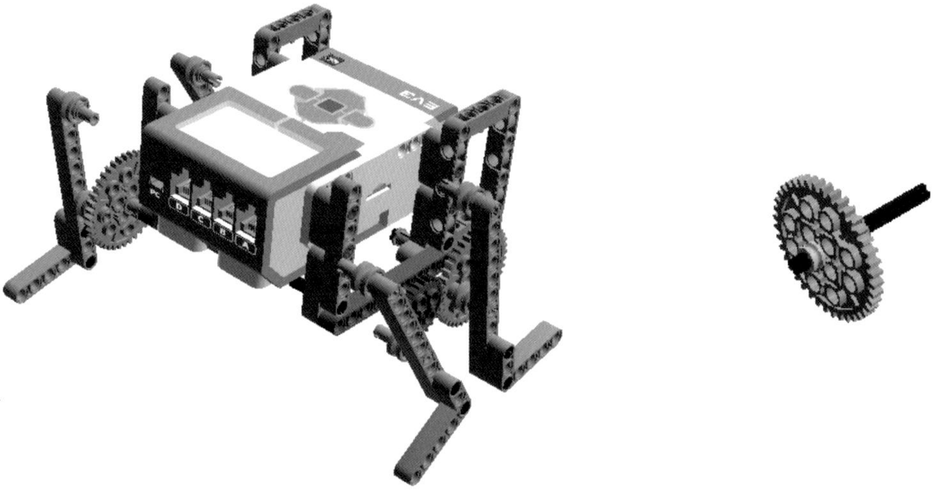

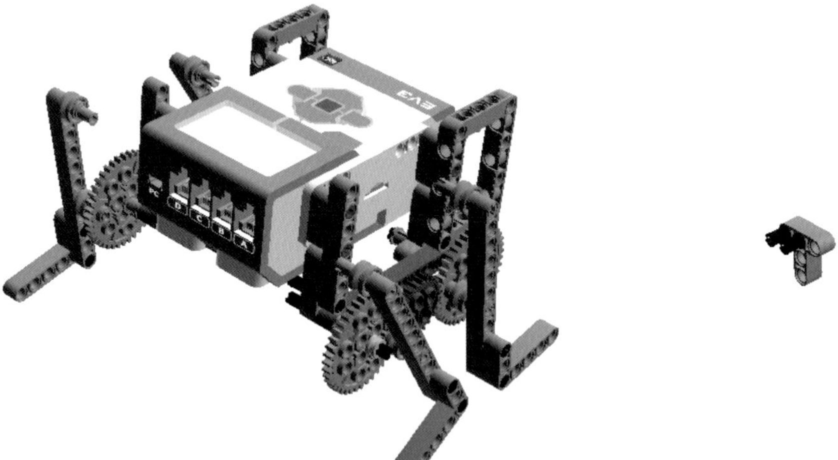

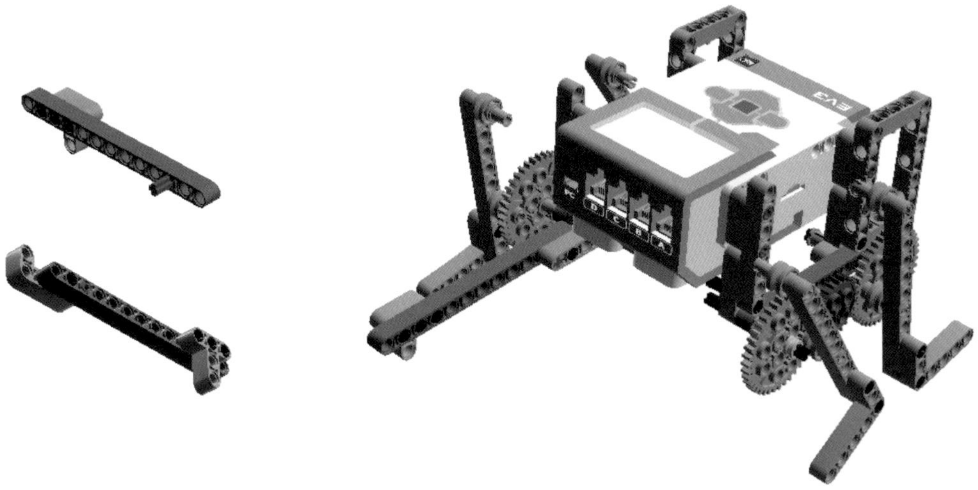

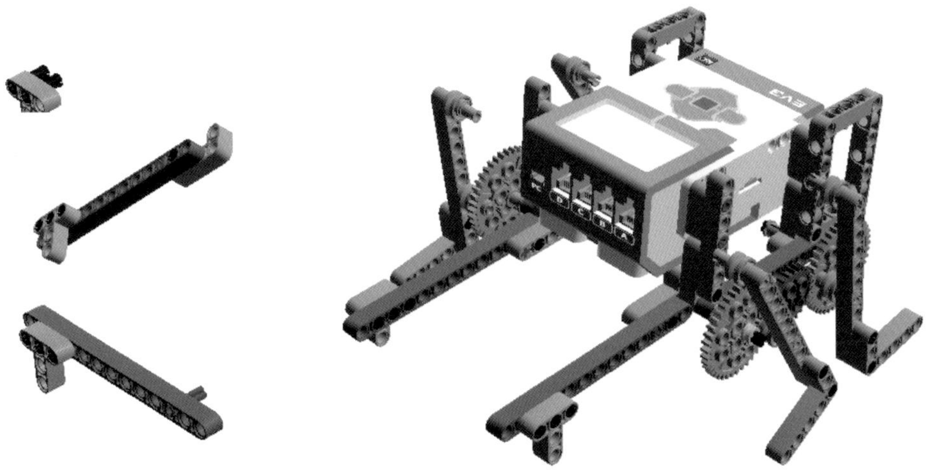

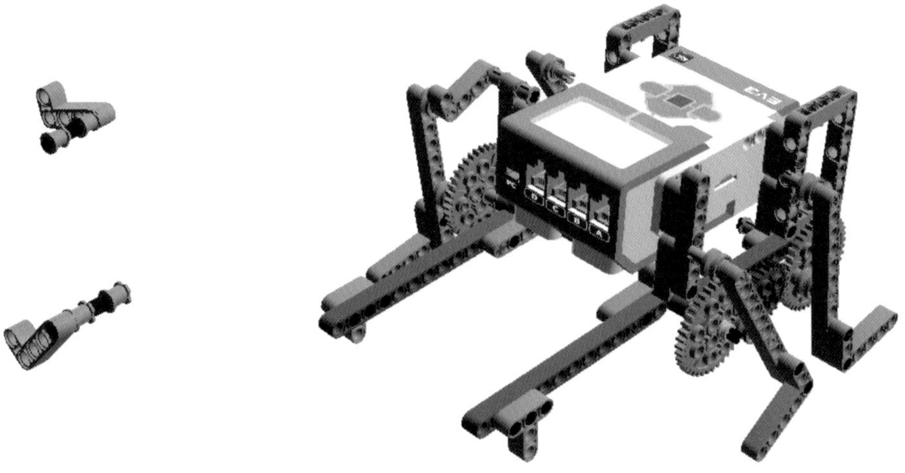

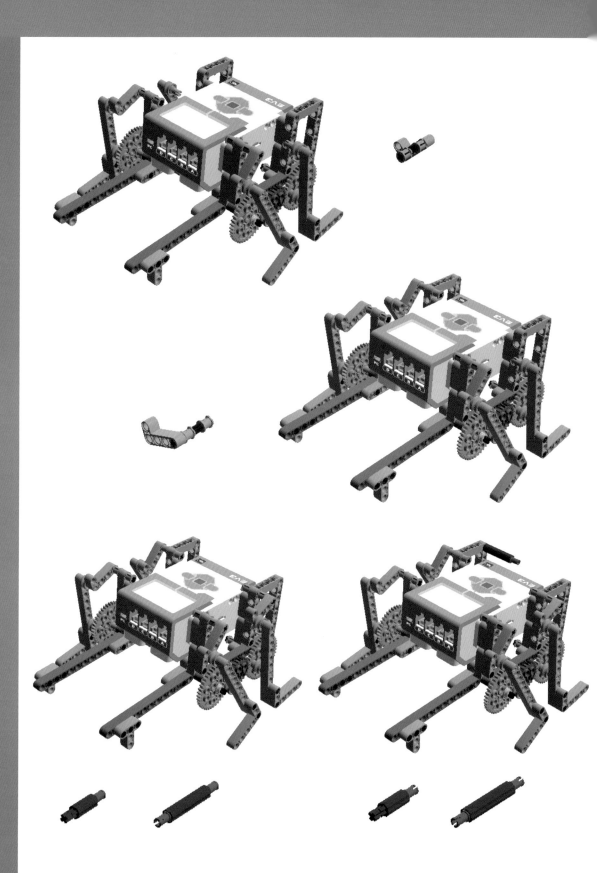

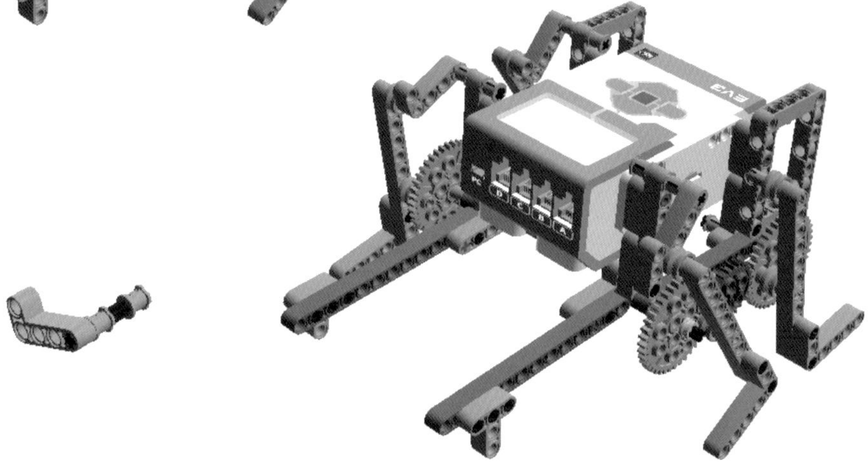

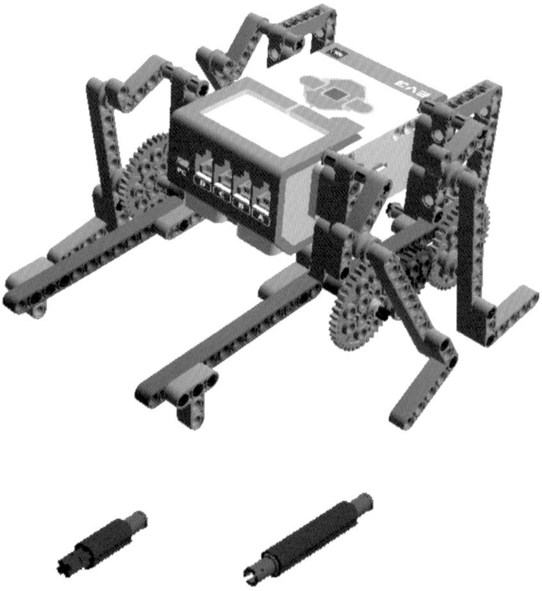

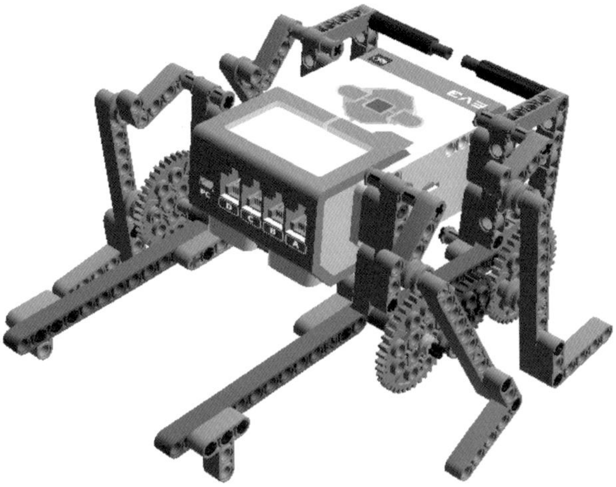

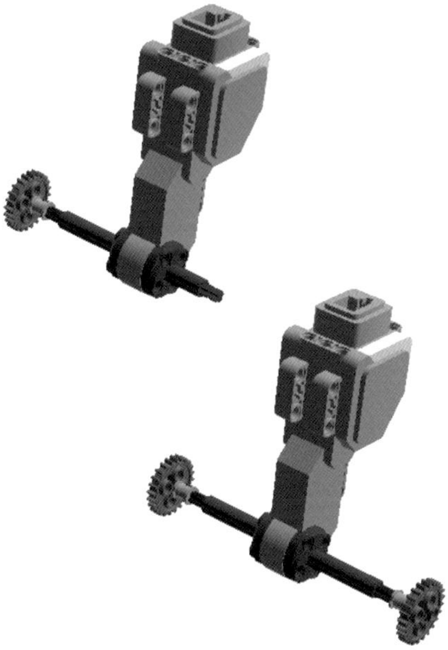

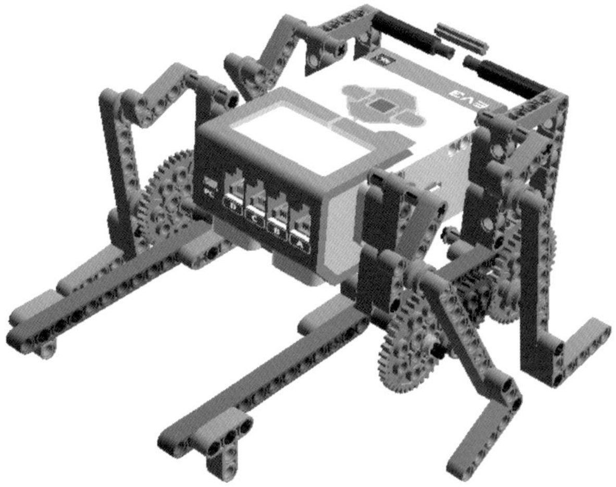

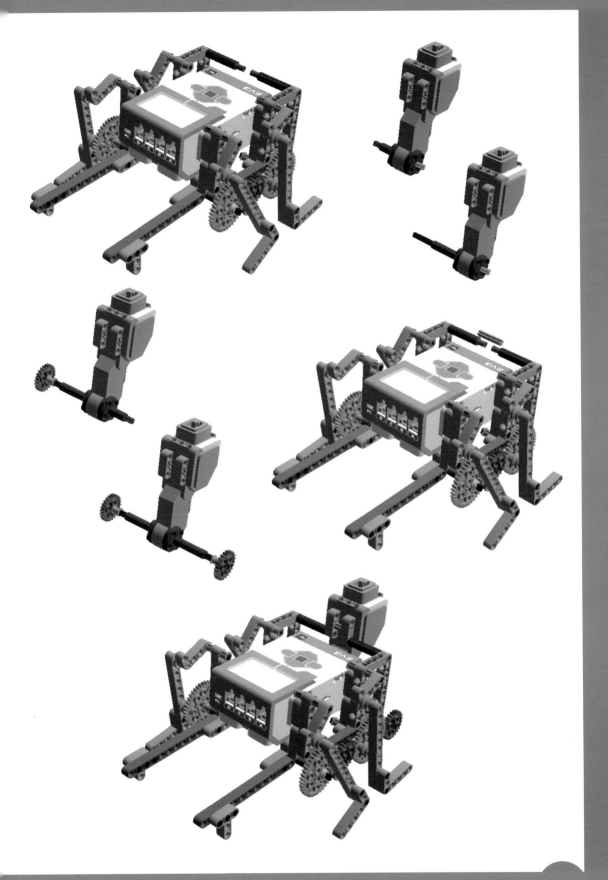

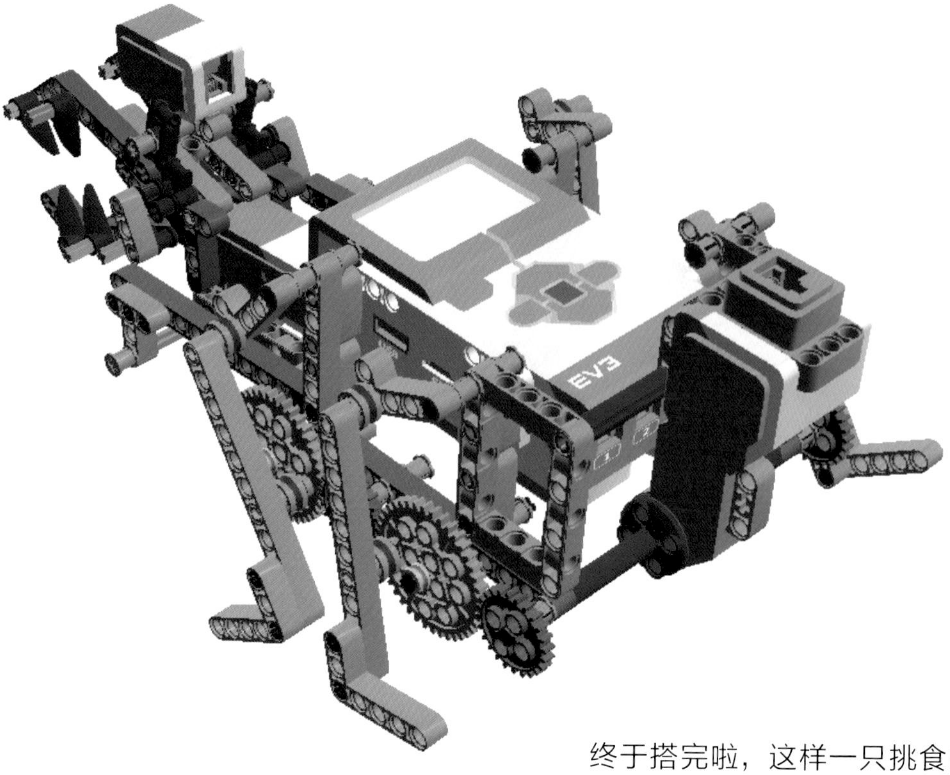

终于搭完啦，这样一只挑食的小狗就做好啦。

程序示例

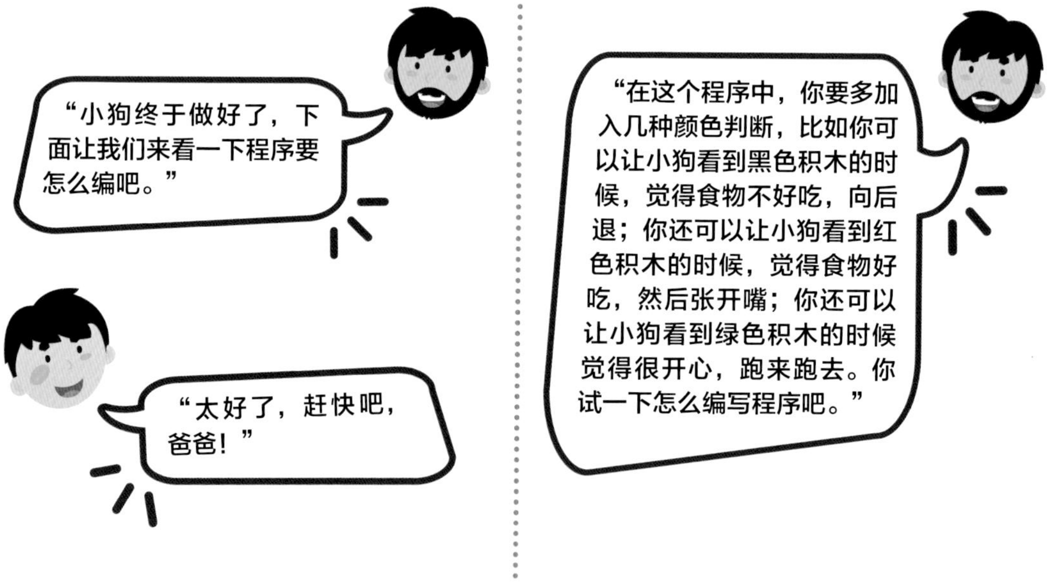

"小狗终于做好了，下面让我们来看一下程序要怎么编吧。"
"太好了，赶快吧，爸爸！"
"在这个程序中，你要多加入几种颜色判断，比如你可以让小狗看到黑色积木的时候，觉得食物不好吃，向后退；你还可以让小狗看到红色积木的时候，觉得食物好吃，然后张开嘴；你还可以让小狗看到绿色积木的时候觉得很开心，跑来跑去。你试一下怎么编写程序吧。"

小克里斯编了一会儿程序叫道：“爸爸，你来看一下我的程序做得对吗？”

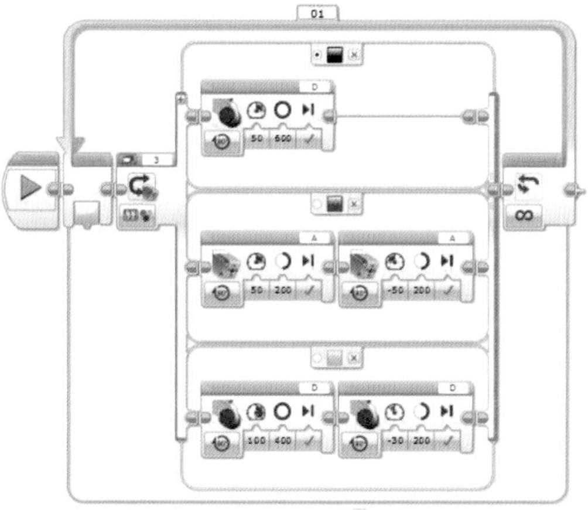

“先想一想，在调试的时候要注意哪些事情呢？”

小克里斯看着程序想了一下，说道：“要注意 A 电机的转动方向，看看小狗是否是把嘴合上了，还要注意 D 电机的移动角度是否足够。”

克里斯爸爸：“对，就是这样，去调试程序吧。”

创意想象

小克里斯调试完程序后，上传了程序，小狗动了起来。小克里斯非常高兴：“爸爸，你看，果然是只有看到红色积木的时候，小狗的嘴才会张开！”

克里斯爸爸摸了摸小克里斯的头说道：“是啊，那我们能不能设置更多的颜色来让小狗有更多样的行为表现呢？”

小克里斯想了想：“应该可以，还有好多颜色没用呢，但是除了让电机运动外，我还能让它做什么呢？”

“你可以在动作模块组里看一下后面的模块，有能够发出声音的，还有能够显示图片的，这就要你自己去尝试啦。”

小朋友们，让我们也试一试，看看能不能为小狗添加出更多的动作吧！